海南省哲学社会科学规划一般课题［项目编号：HNSK（YB）20-30］
“海南自由贸易港推进中全民数字素养评价和提升路径研究”成果
海南省高等学校教育教学改革重点项目（项目编号：Hnjg2021ZD-20）
“后疫情时代促进学生深度学习的OMO教学创新研究”成果

面向碎片化学习时代微视频内容设计

On Designing the Content of Micro-Video in a Fragmented Learning Age

王觅 著

吉林大学出版社
·长 春·

图书在版编目（CIP）数据

面向碎片化学习时代微视频内容设计 / 王觅著. --长春 : 吉林大学出版社, 2023.8

ISBN 978-7-5768-2388-2

Ⅰ. ①面… Ⅱ. ①王… Ⅲ. ①视频制作 – 研究 Ⅳ. ①TN948.4

中国国家版本馆 CIP 数据核字(2023)第 212721 号

书　　名　面向碎片化学习时代微视频内容设计

作　　者　王　觅
责任编辑　张宏亮
责任校对　魏丹丹
装帧设计　雅硕图文
出版发行　吉林大学出版社
社　　址　长春市人民大街 4059 号
邮政编码　130021
发行电话　0431-89580028/29/21
网　　址　http://www.jlup.com.cn
电子邮箱　jldxcbs@sina.com
印　　刷　长沙市精宏印务有限公司
开　　本　787mm × 1092mm　1/16
印　　张　12.75
字　　数　200 千字
版　　次　2023 年 8 月　第 1 版
印　　次　2024 年 1 月　第 1 次
书　　号　ISBN 978-7-5768-2388-2
定　　价　58.00 元

前　言

在智慧教育引领和学习技术干预下，碎片化学习时代对学习资源有着新的需求。由于学习时空的分割、学习媒体的多元化和学习注意力稳定性变弱，人们需要微型学习资源以适应新的学习文化和学习方式。随着网络媒体技术的快速发展，教学视频成为传播和共享知识的重要载体，尤其是近年来倡导学习资源走向开放、多元、共享，开放的教学视频课程对教育产生了真真切切的影响，而微视频课程作为碎片化学习时代发展下的新课程形态能满足学习者需求。基于以上现实背景，微视频课程自然成为教育领域关注的重点。为提高微视频课程的使用价值，更好地满足碎片化学习的需求，微视频课程的内容设计成为重要研究内容。本研究旨在分析微视频课程的内容分解设计策略，根据SMCR①传播模式和ARCS②动机模型建构教学微视频的“心动”设计模型，提出促进学习者“心动”的教学微视频设计策略，为微视频课程内容的设计者和教学者提供更好的帮助。

本研究共分五章，第一章主要探讨学习方式转型下的碎片化学习内涵、表现特征、优缺点及其学习内容需求的转变，阐述了微视频课程的内涵、特征，比较了微视频课程与传统课程的区别，从而提出微视频课程这种新课程形态能满足碎片化学习需求。

第二章主要梳理和比较当前与微视频课程相关且易混淆的概念，分析微

① SMCR是信源（source）–信息（message）–通道（channel）–受传者（receiver）的简称，是美国传播学者大卫·K·贝罗（David.K.Berlo）于1960年提出的典型单向传播模式。

② ARCS是注意力（attention）、切需性（relevance）、自信心（confidence）和满足感（satifaction）的简称，是美国佛罗里达州立大学的约翰·M·凯勒（John M Keller）教授于1984年提出了动机模型。

视频课程的演变发展脉络及主要应用趋向，对当前国内外代表性的微视频课程及其内容进行比较分析，提出了教学微视频分类框架，通过内容分析法对教学微视频进行抽样调查与分析，总结当前教学微视频的相关特征。

第三章主要探讨微视频课程内容设计的理论基础，从生态观的视角阐述了研究视域，提出了以学习者为中心、微观设计、整体设计和极简设计的设计理念，从教育、心理、技术、艺术和社会的视角，从宏观的课程内容结构层面和微观的教学微视频层面提出微视频课程的内容设计框架，并阐述了微视频课程的内容设计过程。

第四章主要分析微视频课程内容分解设计的思想原则，探讨了基于知识点的内容分解与关联设计方法。从列夫·曼诺维奇（Lev Manovich）的新媒介心理意义互动的视角，提出了“心动”设计（“心动”学习一词最初来源于祝智庭教授的报告）。根据SMCR传播模式分析了教学微视频的影响要素，基于教学微视频的影响要素和ARCS动机模型建构了教学微视频的“心动”设计模型，从知识内容、教师教学艺术和视频表征三个方面探讨了促进学习者“心动”的教学微视频设计策略。

第五章进行微视频课程的内容设计实践研究。根据微视频课程的内容设计策略，阐述了实践案例“幼儿园创意手工”这个微视频课程的内容设计过程，在对此课程进行开发与投入教学应用后，对课程内容的设计效果以及基于此课程的学习效果进行了反思和总结，随后，基于第一个案例的不足，设计和开发第二个课程案例“大学语文”，阐述了设计过程，最后对实践研究进行反思和总结。

目 录

绪　论

一、研究背景

1. 智慧教育引领下学习文化及学习资源需求的转变

在经济全球化和技术不断变革创新的信息时代，我国教育信息化正由初步应用融合阶段向全面融合创新阶段过渡。在这个过程中，无论是在国家地区的宏观层面、学校组织的中观层面，还是学习者的个体层面，教育信息化的转变过程均朝着追求卓越智慧的方向发展。在教育信息化快速发展的今天，智慧教育的呼声愈来愈高。人们通过构建智慧学习环境，利用多样化的技术智慧地参与各种实践活动，促进学习者的智慧学习，实现对学习环境、生活环境和工作环境灵巧机敏地适应、塑造和选择。其中，智慧学习环境的显著特征主要表现在有移动、物联、泛在、无缝接入等技术支持学习者随时、随地、随需地拥有学习机会；提供丰富的、优质的数字化学习资源供学习者选择；学习资源能有效地减轻学习者认知负荷，降低知识记忆成分，提高智慧生成与应用的含量。[①] 因此，智慧教育的理念与宗旨势必改变着学习方式、学习资源、学习方法的格局，影响和引领着当前的学习文化。其中，最直接且显性的体现是构建智慧学习环境时的学习资源需求的转变和学习者学习方式的改变。"开放、多元、自主"无疑是体现当前智慧教育学习文化的重要内容之一。在学习环境、多样便捷的学习媒体终端及其他学习技术对学习方式的干预和影响要求学习资源走向多样化、便捷化、切需化。因此，资源形式和内容的不断更新、变革是适应学习文化转型和学习方式转变的必然结果。

---

①祝智庭，贺斌.智慧教育：教育信息化的新境界[J].电化教育研究，2012(12):5-13.

2.“微”时代下国家对微课程的重视

以微博为代表的“微动力”促进了“微时代”的快速发展，“微”已应用于各领域，如微营销、微广告、微电影、微小说、微系统、微课程等。在教育教学领域，学习方式、学习资源也受到“微时代”的影响，相应出现了微课程、微型学习、微视频等。尤其是近期全国各地高校、中小学、各类教育研究机构高度重视和大力宣传微课程大赛活动。为贯彻教育部全国教育信息化工作电视电话会议精神，落实“国家中长期教育改革和发展规划纲要(2010—2020)”，全面推进教育信息化建设，切实推动“三通两平台”工作，由教育部《中国教师报》主办的“全国首届微课程大赛”于2012年11月21日正式启动。此活动旨在通过微课程的一系列培训、制作和比赛活动，探索教师成长的新途径，帮助教师迅速转变教育教学行为，适应课堂教学改革，推动区域教育变革。自此，全国各地的学校、教育机构开始了微课程及微课的比赛、制作、培训等相关活动。在技术平台标准化的情况下，内容质量成为关注焦点及面临的挑战。因此，微视频课程的内容设计具有较强的时代意义，能积极满足当前时代教育研究活动的需求。

3.视频类学习资源的兴起与广泛应用

随着视频网络技术的发展与应用，教学视频资源的制作和传播日趋便捷，其应用也日益普及。在传播和共享课程知识方面，教学视频资源受到教育界和商业界的高度重视。自2011年网易开通公开课频道，发布国外著名高校的视频课程后，视频公开课一度成为全球备受关注的资源。“十二五”期间，教育部将视频公开课的建设纳入教育信息化建设的重要内容，计划建成1 000门以视频为载体的精品视频公开课。有国外成功案例在前，国内视频公开课的建设一直处于蓄势待发，教育部相关政策的出台迅速掀起了视频公开课建设的浪潮。2011年11月9日，教育部推出20门课程向社会公众免费开放，短短5天中，视频点击量已逾10万次。尽管公众对国内视频课有所争议，但同时也反映了社会公众对视频课的关注和响应。这一创举改变了视频课程隐没于网络课程边角的现状，使得视频课程走到台前，重新获得被关注和审视的机会。

国外 Khan Academy（可汗学院）在受到全球知名人士的认可和推荐之下，教学微视频资源再次从视频资源中脱颖而出，成为全球高等教育和基础教育关注的焦点。美国远程学习协会（United States Distance Learning Association，USDLA）会长 John G.Flores 认为，大量实践证明，短的、模块化视频将比 50 分钟视频更加成功。利用 50 分钟视频进行教学的已经是过去式。Dalton Kehoe 认为“当看见在线学习视频中的头像和上身超过 20 分钟时，就要抓狂了。”① 有人认为这种资源是试图简化教育，对此表示担忧，但显而易见的优势却使人们对其产生极大兴趣，并积极进行实践应用。

二、研究问题

本书研究源自教育现实背景及教学实践所遇到的问题，旨在解决的核心问题是：在碎片化学习时代，如何设计有效的微视频课程内容以促进学习者的“心动”学习？具体需要探讨以下内容。

①在学习方式转型下的“碎片化学习”内涵及本质是什么？如何理性看待碎片化学习的价值？

②微视频课程作为碎片化学习时代的新课程形态，在本研究中的概念定位是什么？其演变发展脉络和应用趋向如何？国内外微视频课程及其内容设计的现状如何？教学微视频的分类框架及属性特征是什么？

③微视频课程的内容设计理论和框架是什么？

④如何对微视频课程的内容进行分解与关联设计？如何设计使学习者“心动”的教学微视频？

三、研究意义

微视频课程是当前备受关注的研究课题，而其内容质量是影响微视频课程实践应用及实用价值的重要因素之一。微视频课程的内容设计研究在当前教育现状下具有一定理论意义和现实意义。

①Jeffrey R. Young.Short and Sweet: Technology Shrinks the Lecture［EB/OL］.（2010-11-1）［2012-1］http://chronicle.com/article/ShortSweet-Technology/13866.

1.理论意义

①丰富了碎片化学习的多维内涵，提升了碎片化学习的实用价值。在对碎片化学习人云亦云之时，却鲜少对碎片化学习的真正内涵及实用价值进行分析。面对学习媒体的多样化及学习时间、学习注意力的碎片化，碎片化学习可能随时发生在每个人身上。面对这一现状，仅仅通过望文生义的理解碎片化学习是不够的。本研究通过分析碎片化学习的本质及其“双刃剑”的价值，为人们正视碎片化学习提供了视角。通过分析碎片化学习所带来的问题，提出应对策略，以提升碎片化学习的价值。

②提出了微视频课程内容设计的新视角。传统的教学设计视角和理论已较难满足和适应当前新形态资源的设计，适应学习者学习方式的转变。本研究围绕碎片化学习维度及学习过程，从作为产品的视角、微观的视角、整体设计和极简设计的视角，提出了微视频课程的内容设计框架，从而满足当前碎片化学习对新型学习资源的需求。

③为视频教学“申诉”，提出使视频教学获得新生命的策略。视频课程类教学常给学习者留下固化的、静态的、传统讲授的、被动的印象等。长期以来，视频课程类教学主要依赖于教师的主体性和主导作用。教师通过各种提示活动来教授课程内容，学习者则在短时间内理解并接受大量知识。基于视频类课程的学习就必定导致学生的被动学习吗？答案是否定的。事实上，视频课程类教学也可以调动学生理智与情感的主动性、积极性，激发学习动机，提高学习效果。从百家讲坛受到热捧与逐渐淡出，到当前备受关注的各种视频公开课，视频类课程一次又一次进入人们的视野。可见，视频类课程并非没有生命力，而是需要利用信息技术及设计教与学策略，理性的审视基于视频类课程的学习环境，激发学习者学习动机以促进积极主动学习。

2.现实意义

在新媒介、新媒体迅猛发展、快速更新的推动之下，工具一度从技术统治走向技术垄断，迫使人们改变学习方式。随着 Web 视频技术的成熟及开放、共享学习理念的实践，互联网传递情景化知识的效率大大被提高，并更易于被学习者所接受。从网易、新浪推出的全球名校公开课，到教育部当前所重

视的视频公开课和微课程，无不显示出人们对视频课程及微视频资源的普遍认同和广泛运用。如今，微视频资源已切切实实影响着新时代的学习方式，推动着教育的改革。然而，在微视频资源备受推崇和蓬勃发展之时，当前的部分微资源已渐显泛滥且低质量的趋势，有违应用此类资源的原始目的和应用价值。因此，关于微视频课程的内容设计研究可为当前设计和开发此类资源的人员提供指导和借鉴，有利于规范和明确微视频资源的设计和应用，提高资源的可用性和应用价值，促进学习者更好的学习。

四、研究方法

台湾淡江大学吴明清教授指出，选择研究方法要从三个方面进行考虑。其一，要考虑研究方法的目的性，凡符合研究问题之性质，且能达到研究目的之方法，才是适当的方法；其二，要考虑研究方法的可行性，凡研究者具备足够的时间和经费等资源，且又能获得必要的支持与合作方法，才是适当的方法；其三是要考虑研究者本身的研究能力，凡研究者能力能胜任的方法，才是适当的方法 。[①] 因此，根据本论文的研究问题、目的及背景，本文首先在先期分析和论证的基础上，综合运用了文献分析法、设计研究法、网络内容分析法、个案研究法、问卷和访谈调查法。

1.文献分析法

文献研究法主要是指搜集、鉴别、整理文献，并通过研究文献，形成对事实的科学认识。[②] 文献分析法贯穿于整个论文研究过程中，论文在广泛细致的文献分析基础之上，把握国内外碎片化学习、微视频课程、教学微视频等研究领域已有成果、主要观点，以使研究面向实际问题，更具有现实意义和理论价值。

2.网络内容分析法

内容分析法是指一种对于传播内容进行客观、系统和定量描述的研究方法，其实质是对传播内容所含信息量及其变化的分析。按照媒体形式划分，

---

①吴明清著.教育研究：基本观念与研究方法之分析[M].台北：五南图书出版社有限公司,2004,252.

②李克东.教育技术研究方法[M].北京：北京师范大学出版社,2003.

网络内容分析法可分为文本分析、图像分析、声音分析、视频分析。[①] 本研究中，主要对网站及视频资源进行内容分析。在第二章中，通过学习当前国内外代表性的微视频课程，分析各自的视频课程内容及课程模式和特点，归纳出当前微视频课程的建设和应用现状。

3.个案研究法

个案研究可采用各种方法收集完整资料，在一个或多个案例的特定情境脉络下进行了解、分析、归纳和解释描述，以解决情境和现象间的复杂难题。通过设计和开发微视频课程案例，以使策略研究应用于实践开发中。第五章通过设计和开发微视频课程案例，并将其应用于实际教学中，跟踪和调查微视频课程的内容设计和应用情况，并对结果进行分析。

4.设计研究法

当设计研究（Design Research，DR）聚焦于教育问题时则又称作教育设计研究（Educational Design Research，EDR），它是近些年来兴起的教育心理学、教育技术学、学习科学等相关学科新的研究范式或方法论。由于一直以来存在教育理论与实践相脱节的现象，教育设计研究正是为了弥补教育理论、教育人工制品与教育实践之间鸿沟的方法论层面的革新和尝试。它是一种既具系统性又有灵活性的方法论，旨在通过研究者与实践者在现实世界情境中开展协作，通过迭代分析、设计、开发和实施过程，得出情境敏感的设计原理和理论，具有实用性、务实性、迭代性、整合性、情境型五个关键特征。[②] 在第五章中，基于微视频课程的内容设计策略，通过设计案例使其在真实实践情境中得以运用，使策略与实践开发相结合。基于设计效果的分析，根据存在的问题，开发第二个案例以进一步实践研究。

5.问卷和访谈调查法

在第五章实证部分通过问卷调查和访谈调查对微视频课程内容设计的效果及其学习效果进行调查。

---

①邱均平，王日芬.文献计量内容分析[M].北京：国家图书馆出版社，2008，18.

②祝智庭.设计研究作为教育技术的创新研究范式[J].电化教育研究，2008(10)：30-31.

五、研究框架

本书研究根据“分析—设计—实施”的研究思路进行研究。整体研究框架如图绪-1 所示。各部分内容具体如下。

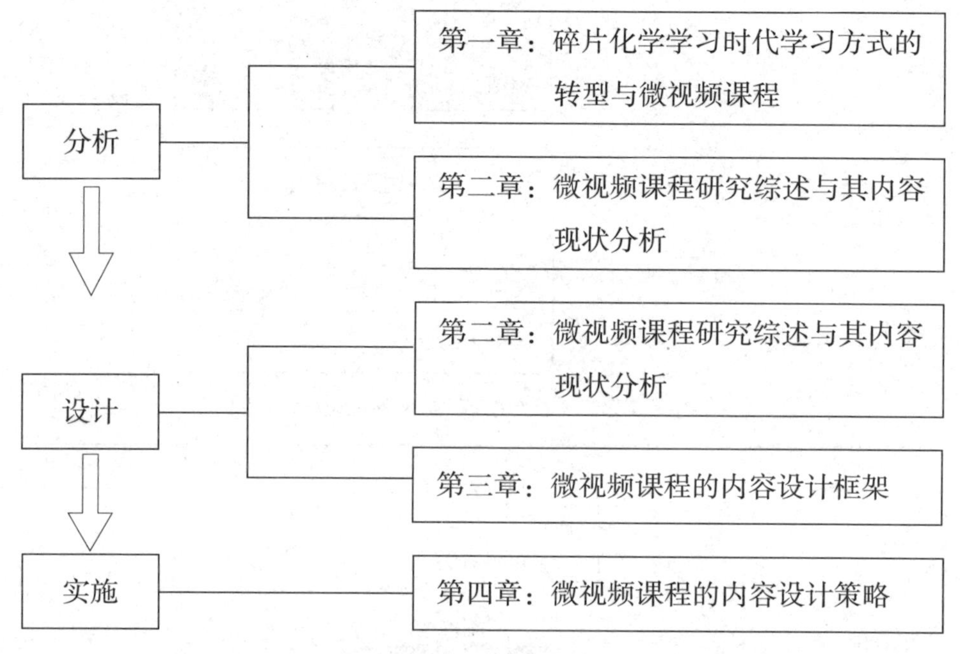

图绪- 1　研究框架

第一章主要探讨碎片化学习时代学习方式转型下的碎片化学习和微视频课程，提出微视频课程这种新课程形态能满足碎片化学习需求。

第二章主要阐述了微视频课程的研究现状，并采用内容分析法对当前国内外代表性的微视频课程及其内容进行分析。

第三章主要探讨微视频课程内容设计的理论基础，分析微视频课程的内容设计视域和理念，提出微视频课程的内容设计框架和过程。微视频课程的内容设计框架如图绪-2 所示。

第四章主要依据微视频课程的内容设计框架，探讨微视频课程的内容分解策略，根据 SMCR 传播模式和 ARCS 动机模型建构教学微视频的“心动”设计模型（如图绪-3 所示），提出促进学习者“心动”的教学微视频设计策略。

第五章进行微视频课程的内容设计实践研究。

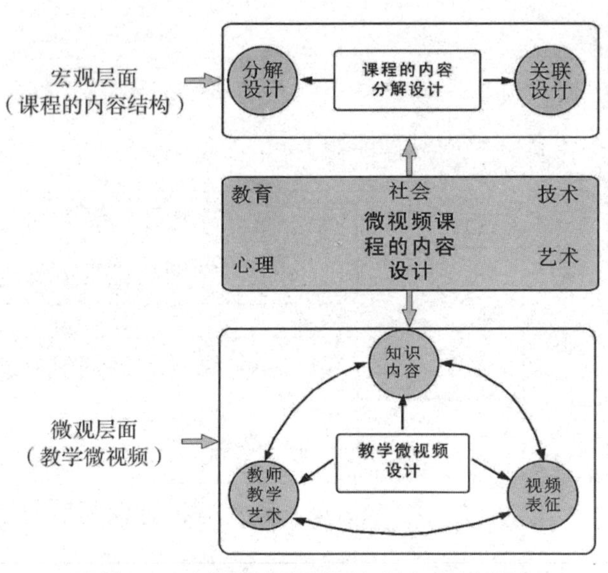

图绪-2　微视频课程的内容设计框架

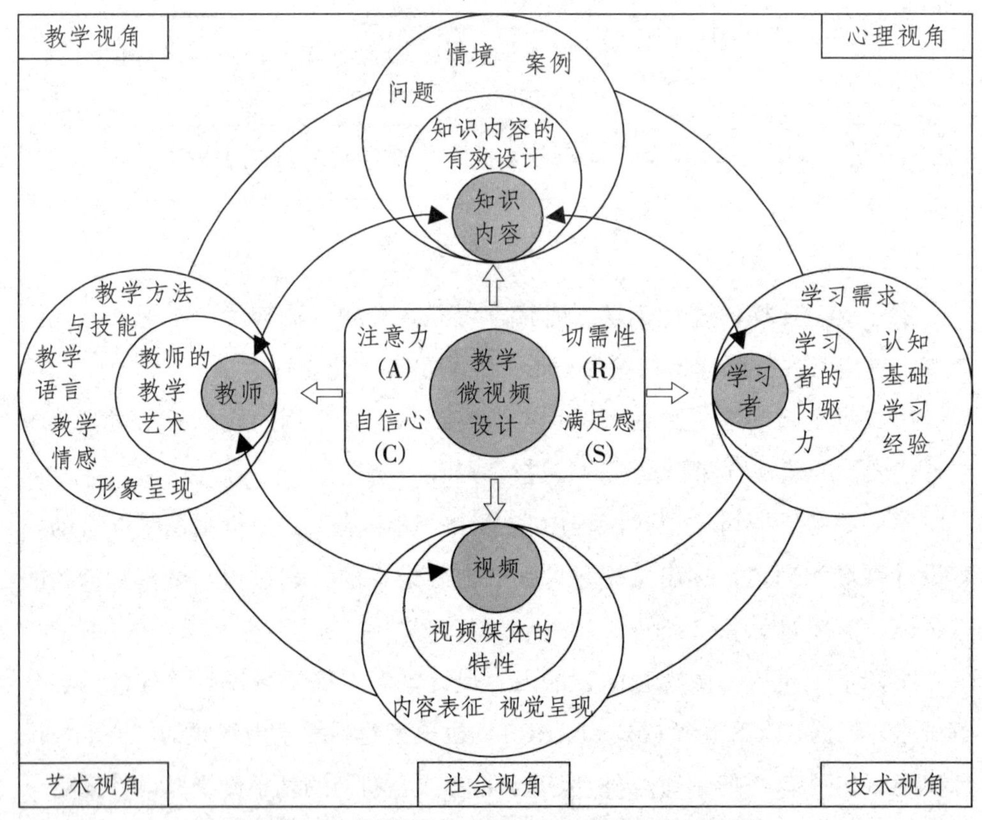

图绪-3　教学微视频的“心动”设计模型

第一章　碎片化学习时代学习方式转型与微视频课程

本章主要探讨碎片化学习内涵及其对学习资源需求的转变。首先分析碎片化学习涌现的原因，界定了本研究中碎片化学习的内涵，分析碎片化学习特征，比较碎片化学习与微型学习、移动学习、泛在学习的异同，理性地分析碎片化学习的价值，并提出微视频课程可作为碎片化学习的适需资源。

第一节　学习方式转型：移动互联下的碎片化学习

如今，我们经常看到以下现象，候车时学习、地铁上学习、旅途中学习等，另外，也会经常听到"很难坐下来学习 30 分钟""利用间隙的时间学习"之类的感慨。由此可见，人们的学习时间、空间都已从连续、固定、封闭走向灵活、开放、多元，学习呈现出碎片化。然而，为什么会出现这样的碎片化学习现象和学习方式的转变呢？归根结底是生活节奏加快和科学技术发展的结果。其中，技术能满足快节奏生活的需求是引起学习文化转变和学习方式转型的重要原因。它将人们的学习时空分割成若干片段，使得学习环境乃至学习认知呈现碎片化。

一、移动互联技术的发展与应用

1.Web技术的演变与发展

近 20 年来，技术的发展使得社会从基于网络互联的 Web 1.0 时代走向基于社交的 Web 2.0 时代，直至今天基于移动的 Web 3.0 时代。Web 3.0 时代除了具备 Web 1.0 和 Web 2.0 的相关特点，还具有实时、随时随地、位置感应、传感器、量身定制的小屏幕等特点。根据美国社会培训和发展组织的年度报告显示，Web 3.0 主要由移动网络、虚拟网络和语义网络等构成。Web 各阶段的核心理念及环境支持如图 1-1 所示。①

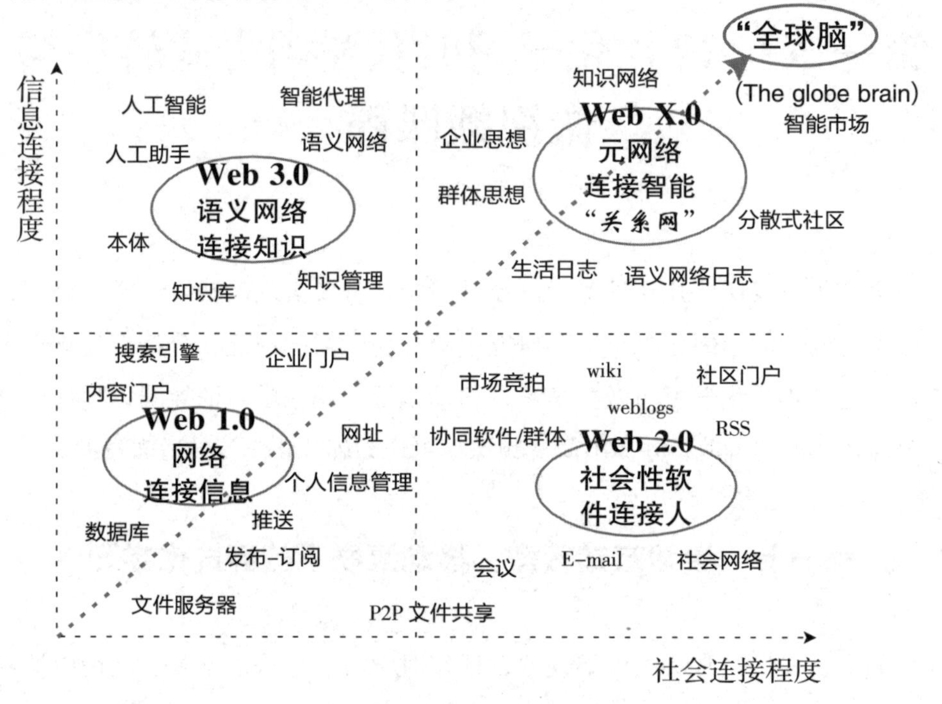

图 1-1　Web 的核心理念及环境支持

Web 技术在发展的不同阶段，以及在各阶段的过渡与交替时，其应用的关键技术、学习环境系统也是不同的，如图 1-2 所示。例如，网络技术由句法网络（Syntactic Web）逐渐向语义网络（Semantic Web）和实用网络（Pragmatic Web）发展；学习系统环境从学习管理协同走向个性化、虚拟化、可适应化、智能化；其开发语言由 HTML（Hyper Text Markup Language）逐渐升级发展为 XHTML（Extensible Hyper Text Markup Language）、RDF（Resource Description Framework）、OWL（Web Ontology Language）。②

①祝智庭.喻说云计算与教育信息化的 PPT 讲座资料.

②王觅，汪晓霞.E-learning 3.0:全球移动互联学习的新范式[J].世界教育信息，2013，26(1):25-29.

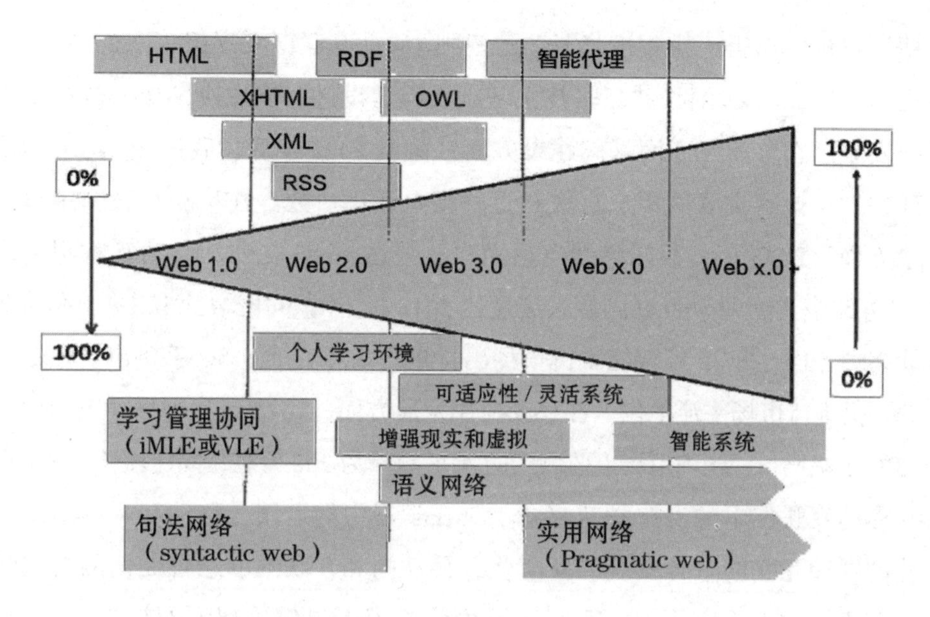

图 1-2　技术环境变迁

移动、互联、智能、协同是 Web 3.0 技术影响下 E-learning 的显著特征。[①] 其中，移动学习是 E-learning 学习模式的重要突破和补充，学习的移动性极大解放传统固有的学习行为模式。互联体现在通过学习者与学习者、资源与资源、学习者与资源的联结使得人们可以随时随地获得适合需要的学习资源。因此，Web 技术发展促进学习方式转变，并对学习资源有着新需求。

2.移动互联技术的应用与影响

移动互联技术发展与应用的显性表现是移动终端市场的扩大及移动设备的推广应用。2023 年 8 月 28 日，中国互联网络信息中心（CNNIC）发布第 52 次《中国互联网络发展状况统计报告》（以下简称《报告》）。《报告》显示，截至 2023 年 6 月，我国网民总量达到了 10.79 亿人，较 2022 年 12 月新增网民 1109 万人，其中，我国手机网民规模达 10.76 亿人，手机网民占整体网民的比例为 99.8%。2023 年上半年，我国个人互联网应用持续发展，多类

---

①王觅，汪晓霞. E-learning 3.0: 全球移动互联学习的新范式[J].世界教育信息,2013,26(1):25-30.

应用用户规模获得一定程度增长。[①]《中国移动互联网发展报告（2023）》中也指出，2022年我国移动互联技术基础设施建设进一步加快，在线教育将迎来新发展。在移动互联网基础建设方面，截至2022年底，我国5G网络建设全球领先；蜂窝物联网用户首次超过移动电话用户数。在移动互联网用户和流量方面，2022年，我国移动电话用户总数达16.83亿户；移动互联网用户数达14.53亿户；移动互联网接入流量达2618亿GB，同比增长18.1%。在移动智能终端方面，2022年智能手机市场出货量约2.86亿台；5G手机出货量2.14亿部，仍维持市场主流地位。在移动应用发展方面，2022年我国移动应用程序（APP）小幅增长，国内市场上监测到的APP数量为258万款，同比增长2.4%。[②]

移动互联技术的支持和新媒介工具在学习中的运用。移动互联网出现带来移动网和互联网融合发展的新时代，移动网和互联网的融合促使网络和学习终端多层面融合。因此，移动互联网为学习者提供了智能网络学习空间，使学习生态化、联通化和多元化。在以学习者、学习资源和媒介为核心的学习活动系统中，三者不再是单向连接交互，移动互联学习环境为其提供了9种全面交互通道，真正实现学习活动系统的生态流通。此外，新媒介工具/终端的涌现为碎片化学习提供多样化学习平台。随着5G网络的持续覆盖，移动互联网产业的各类服务将进一步得到发展，5G+AR/VR沉浸式教学等应用场景也将不断涌现。CNNIC通过调研发现，截至2023年上半年，我国互联网用户在各类移动上网设备选择中，手机上网以99.8%占据榜首，紧接着是台式计算机（34.4%）、笔记本计算机（32.4%）、电视（26.8%）与平板计算机（28.6%）。[③]移动互联网使用户接触和使用网络时间碎片化，打破媒体惯性和用户共性的约束，对人自身行为方式、思维方式、表达方式等带来影响；使

---

①中国互联网络信息中心(CNNIC).第52次《中国互联网络发展状况统计报告》[R/OL].2023年8月28日. https://cnnic.cn/n4/2023/0828/c199-10830.html.

②唐维红编.移动互联网蓝皮书:中国移动互联网发展报告(2023)[M].北京:社会科学文献出版社,2023:2-7.

③中国互联网络信息中心（CNNIC）. 第52次《中国互联网络发展状况统计报告》[R/OL]. 2023年8月28日. https://cnnic.cn/n4/2023/0828/c199-10830.html.

信息消费从只关注“大空间”，到关注随时变化的“微空间”。因此，移动互联技术发展和智能终端学习应用促进学习者碎片化学习，使学习方式产生重要转变。

二、技术发展下的碎片化学习

1.技术使然的碎片化学习环境

碎片化时代下所涌现的丰富技术及工具促进了学习环境碎片化，为快节奏生活的人们提供了丰富的学习环境。它消除了学习时空限制，通过整合提供了数字化资源环境和广阔的学习空间。互联网、蜂窝移动网络与无线数字通信技术的发展极大地缩短了人与信息、人与人、信息与信息之间的距离。尤其随着普适计算和泛在网络的推广运用，所有信息资源均在云端，使信息资源呈现扁平化和碎片化。人们通过多样化媒体终端，实现随时随地按需学习，通过网络学习共同体和学习社区进行多样化学习。因此，技术发展促使碎片化学习环境形成，使人们利用碎片化学习资源和多样化媒体终端实现随时随地的碎片化学习。

信息技术支持下学习内容呈现碎片化趋势。知识历经了从分类、层级到网络和生态的变革，这种变革改变了组织空间的和结构。课程不再是静态的唯一权威，即便是在线学习课程也不再是从前的函授模式，它包括借助实时的网络会议工具、广播、电视、在线聊天、移动手机及其他智能终端等技术支持的课程。[①] 因此，更多学习内容从认知能力取向走向实践能力和社会化取向，从权威的规整化、结构化转向碎片化、网络化和分散化。

2.技术干预下学习认知注意力碎片化

技术高度干预下的碎片化知识影响着学习者认知注意结构。无论是 learning from technology，还是 learning with technology，技术都对学习过程起到积极干预和消极干预作用。技术发展可以分为工具使用、技术统治和技术

---

①西蒙斯.网络时代的知识和学习：走向联通[M].詹青龙，译.上海：华东师范大学出版社，2009:1.

垄断三个阶段。学习文化也分为相应的三种类型，即工具使用文化、技术统治文化和技术垄断文化。[①] 技术垄断时期，技术与学习者关系完全颠倒，学习者的学习行为习惯受到技术的重要影响和牵引，认知方式和认知风格也受到影响。在网络学习环境中，学习者认知注意力在技术干预的影响下呈现碎片化，其显著表现特征是持续注意力时间变短、注意力稳定性变弱。碎片化注意力提高学习者学习过程“入境”和“出境”频率，对注意力持续性和注意力广度产生重要影响。《哈佛商业评论》前执行总编尼古拉斯·卡尔(Nicholas G.Carr) 曾讲述技术对其注意广度的影响：“我觉得我不再像以前那样思考了，阅读时这种感觉尤其强烈。沉浸于阅读一本书或者一篇长文章在过去很容易，我的大脑可以把握住作者叙述或论证的转折，我会连续数小时通读一大段文章。现在已经几乎很少发生这种情形了，现在读两三页之后我的注意力就开始分散，变得烦躁，跟不上作者的思路，开始去寻找别的东西，我觉得自己总要去把大脑拉回到书本上去。过去很自然地就能深入阅读，现在却要花很大的力气。”[②]

美国一位科学家试图从医学原理分析技术环境中“超链接”对注意力的碎片化。[③] 他认为“超链接”引向的各式信息能够激起人体多巴胺（一种神经传导物质），使人产生探索新鲜事物的兴奋，进而对点击一层又一层的链接上瘾。然而，人类大脑每秒钟只能处理 110 字节的信息，于是在频繁点击之后，人的注意力将超负荷，变得散碎而容易遗忘。尽管这位科学家的论证是一家之言，然而不可否认的是“超链接”带来的去中心化信息流确实带来一种支离破碎的浏览方式。它很容易“肢解”人们的注意力，使人们的注意力碎片化，从而扰乱秩序与目的性。

---

①波斯曼.技术垄断:文化向技术投降[M].何道宽,译.北京:中信出版社,2019,23.

②互联网 3.0 时代,时间、注意力、营销都已“碎片化”[EB/OL]. https://baijiahao.baidu.com/s?id=1633648639365978893&wfr=spider&for=pc.2019-5-16.

③同②.

第二节　碎片化学习研究：内涵、特征及价值

碎片化学习时代作为技术垄断下知识时代的必经阶段，其显著特征是学习碎片化及随处可见随时进行的学习活动。下面将对技术发展下的碎片化学习内涵、特征及“双刃剑”价值进行相关论述。

一、碎片化学习内涵及相关研究

（一）碎片化思想在各领域的应用

“碎片”（fragmentation）这一概念在20世纪70年代就有学者正式提及。一直以来关于碎片化的研究更多是在经济、生物、学习、天文等领域，碎片理论在不同领域其应用思想是不同的。

经济领域碎片理论（fragmentation theory）是指一种“分而治之”思想，它是将庞大工程或者工作量分化成多个独立子任务，以便于生产和管理，减少成本，提高经济效益。在经济逐渐走向全球之时，碎片理论一度成为国际贸易理论的新发展路线，同时，它也进一步促进了经济全球化的速度和进程。碎片理论在经济领域的应用和发展主要是应对经济全球化的未来趋势，产品生产加工由一个整体、庞大的工厂碎片化为多个生产模块（production module），并分布于各国同时运作经营，相应出现碎片的收入分配、服务链、服务角色等。①

天文学和考古学中用到的碎片理论是一种基于倍比关系的碎片规律，主要利用碎片间的倍比关系推算整体质量大小。它是倾向于内容碎片层面的研究。这个碎片理论或者规律最早是丹麦科学家雅各布·博尔发现的，他从碎花瓶中发现了一个规律：打碎后的物体的碎片按质量的数量级分类，不同的质量级间表现为统一的倍数关系，不同形状的物体的质量比是不同的。例如，花瓶或茶壶，瓶状的物体打碎后，这个倍数约为16，棒状物体倍数约为11，球体的倍数则约为40。最重要的是，这个倍数与物体的材料无关。后来，这个碎片理论被广泛用于考古或天体研究中，通过已知的文物、陨石的残碎片

---

①Ronald W. Jones, Henryk Kierzkowski. A framework of fragmentation. Fragmentation and international trade, UK:Oxford University Press, 2000.

推测它的原状，以便迅速、科学、合理地恢复它们的原貌。

软件工程领域碎片化思想具体体现在模块化和分而治之。由于人类记忆的 7±2 原则，人们能够同时处理的元素是 5~9 个，当对象数目超过这一限度时，人们无法同时去思考和处理这些对象，于是通过模块化划分使得人们将同时要考虑的对象数目减少到能力范围之内，此时模块化实质是分而治之。在将系统划分为若干模块后，为确保系统的完整一致，人们同时还需要在系统层面来处理模块之间的关系。模块化通过划分来简化问题，但是层次化又为模块化划分提供了一种递归途径，在分而治之的“碎片化”之后又确保系统化和整体化工程结构。

社会学视角下的碎片化更多是指多样化和分层化。碎片化现象主要表现为社会阶层分化的同时，各个分化的阶层内部又不断分化成社会地位和利益要求各不相同的群体。政治领域中“碎片化”意为主权国家的分裂。以上更多从系统、整体的视角，强调碎片化的分层是一种碎片与整体的比对。另外，从技术领域的视角，碎片化则常指人们所熟悉的“电脑产生的磁盘碎片”，如电脑碎片化整理。从传播学的视角，碎片化被认为是后现代社会的传播实践将构成不稳定的、多重的和分散的主体，主要研究碎片化社会现象及碎片化的本质。例如，碎片化社会背景下的碎片化传播模式、传播基础、其对传统大众传播的冲击及碎片化传播的价值。①

（二）碎片化学习内涵

早期所提到的碎片化学习更多的是关于个体学习与组织学习之间连接和转换的研究。Daniel H.Kim 在研究个体学习和组织学习之间的转移机制时，提到了碎片化学习发生的情境。他认为，当个人心智模式（individual mental model）和共享心智模式（shared mental model）② 之间的连接断裂时，碎片化

---

①彭兰.今传媒·立新论·聚经典(两篇):碎片化社会背景下的碎片化传播及其价值实现[J].今传媒,2011(10):8-11.

②共享心智模式是指为团队成员共同拥有的知识结构,它使团队成员能对团队内容有着正确解释和预期,从而协调自我行为以适应于团队内容和其他团队成员需求。

学习就会发生。对于碎片化学习内涵，人们更多关注知识内容碎片化，主要是指知识内容碎片化的学习，它强调利用碎片化知识进行个体学习或组织学习。①

随着 Learning 3.0 移动互联时代新形态数字技术的发展和新媒体②的教育应用，学习媒体类型和资源内容及学习者学习模式和交互方式不再是单一、线性、结构化的，碎片化学习内涵及关注重点也得到延伸。它不仅是知识内容碎片化、微型化和泛在化，还是学习时空泛在化、学习媒体多元化、学习思维碎片化，其具体表现在学习者外显学习行为碎片化和内显学习认知碎片化两个层面。如图 1–3 所示，时间、空间及学习内容碎片化产生零散的、分布式学习行为，易于形成思维碎片。同时，零散的、非系统化的思维模式易于产生不连续的学习行为，二者是相互影响、相互促进的。

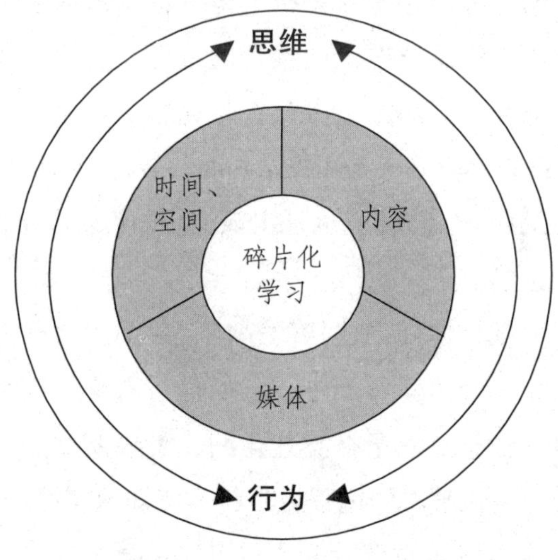

图 1–3　碎片化学习内涵

---

①KIM D H.The link between individual and organizational learning [J].Sloan Management Review,1993,37 // Zheng Zhao, Jaideep Anand, Will Mitchell. Transferring Collective Knowledge: Collective and Fragmented Teaching and Learning in the Chinese Auto Industry [R]. William Davidson Working Paper Number 420,University of Michigan Business School, 2001,12.

②新媒体是指在新的技术支撑体系下出现的媒体形态，如数字杂志、数字报纸、数字广播、手机短信、移动电视、网络博客、桌面视窗等。相对于报刊、广播、出版、影视四大传统意义上的媒体，新媒体被形象地称作“第五媒体”。

1.外显学习行为层面

从学习行为层面，碎片化学习是指在新形态数字技术（如普适技术、泛在技术、云计算、物联网等）支持下利用零散的时间和资源所产生无处不在、无时不有的学习方式和学习活动。它主要从学习者学习行为活动分析，其归根结底是由学习时空和学习资源转变引起的。

传统学习主要是通过正规或正式学习场域进行整体化、系统化学习，然而随着学习媒体的丰富及延伸，学习者时间零散和注意力分散，致使学习行为的分布式和不连续。例如，上班路途中、候车时等均可利用微型化、碎片化资源进行学习。

2.内显学习认知层面

从学习认知层面，碎片化学习是指个体思维及知识结构提升和完善的学习过程，是实现学习思维从零散走向聚合的过程。碎片化资源环境和学习空间导致学习思维不连续和不集中，因此碎片化思维再加工的过程也是一种碎片化学习，是将信息碎片植入个人知识结构圈并转化为智慧的过程；它有效实现知识再加工、知识共享、转移，也是实现个体知识转向集体知识（collective knowledge）的有效途径。

碎片化学习是实现个体知识建构的途径。数据、信息、知识和智慧之间是一种递进的关系，在个体学习圈中，它们也是增量、迭代的循环、相连的过程。如今，数据、信息是海量且碎片化的，将数据、信息转变为知识乃至升华为智慧是一种碎片化学习的过程，是将具有知识属性的碎片进行系统化、聚合化的过程。在知识框架的吸力下，知识碎片融入个体知识结构，可能变成核心知识，逐渐形成智慧。这一碎片化学习过程是实现个体知识结构化和思维提升发展的重要途径和过程。它能使知识精致化和凝练化，促使个体学习圈的知识通过增量、迭代，从量变走向质变。此时的碎片化学习是有意义学习，是思维从碎片化走向聚合、系统的过程，是实现个体知识建构和思维从低阶走向高阶的有效途径。

因此，本研究认为碎片化学习是指学习者在自然情境中根据自我学习需求，利用多样化学习媒体、零散时间和分布式的空间，学习零碎知识内容的

学习方式。在碎片化学习过程中，学习零碎知识内容是思维进行系统化和聚合化的过程，同时也是学习者与学习内容进行有效交互的过程。碎片化学习是微型的、随时随地发生的学习。与传统学习方式相比，其学习时间较短、学习内容容量较少、学习活动短小。

二、碎片化学习的表现特征及相关比较分析

下面将分析碎片化学习的表现特征，并将碎片化学习与整体化学习、微型学习和泛在学习进行相关的比较分析。

（一）表现特征

根据碎片化学习内涵，其具有以下特征。

1.学习时间零散和学习空间无缝融合

由于学习媒体走向灵活、多样，同时，学习者“信息饥渴症”使得注意力碎片化和分散化，因此学习不再局限于大模块时间正式学习。学习者可充分利用灵活碎片的时间、便捷易用的智能终端、泛在学习网络进行自主按需的无缝学习。

2.学习内容零碎化和微型化

学习内容和信息资源不再是完整的、线性的、固化的。随着时空的碎片化及智能学习终端的广泛运用，资源粒度变小，学习内容碎片化。同时，知识流的网络化、复杂化也促使学习内容的碎片化。

3.学习媒体多样化和微型化

学习媒体数量和信息供应量激增，媒体形态多样化，导致学习者选择与使用媒体的自由度和个性化空前提升。另外，学习者注意力持续时间缩短，对新学习媒体的选择和应用更广。

4.学习行为不连续性和多样化

由于移动互联网络广泛应用，学习时间和空间去中心化、呈碎片化，导致学习媒介打破传统学习权威，学习空间碎片化解放学习行为单一性和连续性，促使学习者主体参与行为和学习活动多样化。

5.学习思维跳跃性和注意力碎片化

由于信息激增及新媒体的广泛应用，学习者信息参与互动增加，持续注

意力变短，导致学习思维的跳跃性和注意力碎片化。

6.学习形式多样性和灵活性

碎片化学习时空和多元化学习媒体更易于满足学习的按需性、适切性和全面性，注定学习形式多样性和灵活性。

（二）相关比较分析

下面将根据内涵的相对性和相似性，对碎片化学习与整体化学习、微型学习与泛在学习进行比较与分析。

1.碎片化学习与整体化学习

从学习内容或学习对象视角，整体化学习与碎片化学习是一组相对概念，有各自的应用情境和适用价值。

整体化学习是指基于整体论的、整体化设计的学习。“整体论”一词最初是1926年南非政治家扬·克里斯蒂安·史末资，（Jan Christiaan Smuts）在《整体论和进化》（*Holsim and Evolution*）中首次提出的，主要是用来说明整体因素在历史中的作用。[①] 后来在社会科学中出现了“方法论整体主义”的研究导向。20世纪50年代初，美国哲学家、逻辑学家维拉德 · 范 · 奥曼·奎因（Willard Van Orman Quine）提出了知识整体论的主张，正式将整体论引入科学哲学中。整体论作为一般方法论被人们广泛关注是源于系统论的出现。整体论认为，宇宙不再被看作是一台由无数分离的零件所构成的机器，而是一个和谐的、不可分割的整体。我们看待某个事物时不应将其分离成各个“碎片”，逐一研究各个“碎片”的特征，而是将其看作一个完整的事物，对其加以研究和考察。[②]

因此，与碎片化学习相比，整体化学习强调知识整体化和系统化、学习整体化和教学整体化。基于整体论观点，学习任务应该被视为一个复杂的整体，即整体性任务，这意味着学习应该以整体方式进行，而不是分而习之。

①阎莉.整体论视域中的科学模型观[D].太原：山西大学，2005，54.

②冯锐，李晓华.教学设计新发展：面向复杂学习的整体性教学设计：荷兰开放大学Jeroen J.G.van Merrienboer教授访谈.[J].中国电化教育，2009(2):1–4.

它的学习活动始于一个完整对象，学习者面对的是完整的学习任务或学习目标。通过整体化学习，学习者习得的不仅是知识和技能，更重要的是理解为什么学习这些知识技能，知道它们在整个内容系统中所处的地位，以及在整体中作用。整体化学习有着完整的知识内容体系结构，更多偏重于系统性内容结构和思维模式。①

从正式学习和非正式学习角度，碎片化学习主要是指非正式学习，更多是指技术环境下的学习；整体化学习可以是正式学习，也可以是非正式学习，可以发生在网络学习和面授学习中，如图 1–4 所示。

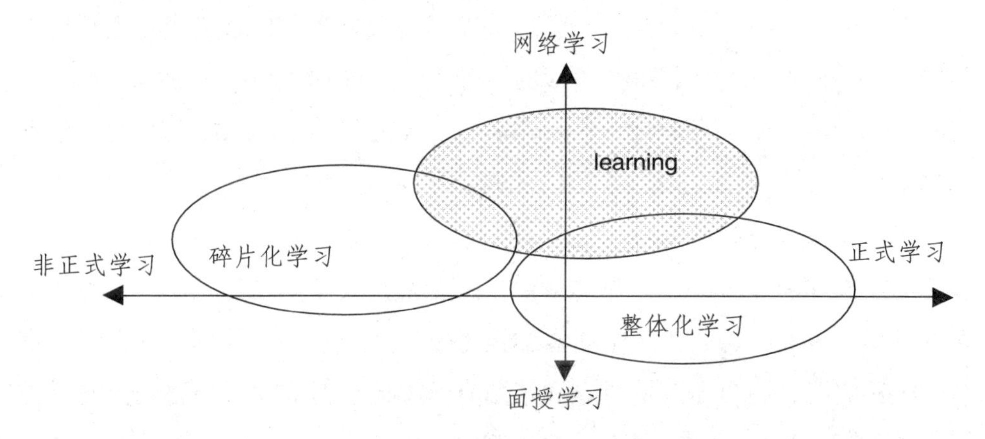

图 1–4　碎片化学习与整体化学习

2.碎片化学习与微型学习、泛在学习

较早界定微型学习概念的奥地利因斯布鲁克大学教育科学学院教授 Theo Hug 认为微型学习是处理比较小的学习单元并且聚焦于时间较短的学习活动，它是在短时间内利用媒体学习“片段化”的知识或者知识块，其学习内容可以是课程体系的一部分，学习过程是伴随式的、嵌入式的活动。学习者通过案例、任务或者练习的方式进行学习以解决实际问题。② 祝智庭等认为微型学

①马兰，盛群力.课堂教学设计:整体化取向[M].杭州:浙江教育出版社,2011:212.

②HUG T. Micro learning and narration[R].Fourth Media in Transition conference:the work of stories,2005,5.

习是基于新的媒介生态环境应运而生的非正式学习的实用模式，它是适应了学习者呼唤更丰富的非正式学习体验的需求。①

泛在学习（U-Learning）源于泛在计算。Vicki Jones 与 Jun H. Jo 提出："泛在计算技术在教育中的同化，标志着又一个伟大的进步，U-Learning 是通过泛在计算出现的"②。U-Learning 是在 E-Learning 和泛在计算技术的基础上发展的，是一种满足知识社会学习需求的新型学习模式，实现了正式学习和非正式学习的有机结合。它可以使任何人在任何时间和地点，通过任何设备获取任何内容，即学习者通过泛在技术提供的学习环境，获得任何所需的学习资源和学习支持，实现随时、随地、随需的无缝学习，从而真正实现以学习者为中心的理念。泛在学习具有以下主要特点：长时性（permanency）、可获取性（accessibility）、即时性（immediacy）、交互性（interactivity）、教学活动的场景性（situating of instructional activities）和适应性（adaptability）。③

碎片化学习与微型学习、泛在学习均是碎片化学习时代不同的学习方式。三者的区别如表 1-1 所示。总体来说，三者都是技术高度发达和广泛深入应用下的学习方式，都是由于学习媒体技术发展而产生的。然而，在三者相继备受关注之时，各自研究的重点和视角有所不同。微型学习更多地是从学习资源及其粒度视角研究；泛在学习强调技术使能下的泛在学习环境；碎片化学习强调学习内容的零碎化和学习活动的非连续性。

---

①祝智庭，张浩，顾小清.微型学习：非正式学习的实用模式[J].中国电化教育，2008(2)：10-13.

②JONES V, JO J H. Ubiquitous learning environment: an adaptive teaching system using ubiquitous technology [A].Atkinson R., McBeath C., Jonas-Dwyer D., et al. Beyond the comfort zone: proceedings of the 21st ASCILITE Conference [C].Perth, Western Australia: ASCILITE, 2004,468-474.

③BOMSDORF B. Adaptation of learning spaces: supporting ubiquitous learning in higher distance education[C]. //Ambient Intelligence. Schloss Dagstuh l-Leibniz-Zen trum fiir Znfvrmatrk, 2005,1-13.

表 1-1 碎片化学习与微型学习、泛在学习的异同

比较内容	碎片化学习	微型学习	泛在学习
不同点	强调学习内容零碎 学习活动非连续性 学习时空零散 注意力碎片化和学习思维跳跃性 学习动机明确化	强调学习内容微型化 学习目标性和指向性更强 更多体现一种学习形态	强调泛在技术所提供的泛在学习环境给养和学习机会 无所不在的学习 强调学习随时随地发生
共同点	均是由于技术发展以及在教育中应用所产生的新学习方式 均是非正式学习的实用模式 本质均是利用微型内容所进行的短小学习活动		

三、碎片化学习的理性分析

通过对碎片化学习内涵本质进行剖析，不难发现碎片化学习无时无刻不在发生并影响着人们的学习和生活。在提倡碎片化学习的情况下，应该理性分析碎片化学习的优缺点。

（一）碎片化学习的优点

①从以学习者为本的角度看，碎片化学习内容、时间和空间的灵活性有利于学习者自行调节学习和按需学习。碎片化学习是自主的学习、自然的学习，其发生更多是基于学习者的自主意识，其学习活动更多发生在整体化学习无法触及的碎片化时间。因此，学习者可以根据自我学习需求和学习情境，实现自步调学习和选择性学习。另外，碎片化学习可以作为分解学习内容难度的策略以提高学习者的学习动机。

②从资源利用价值角度，碎片化学习的"长尾"价值能提高资源利用价值和学习者学习"收益"。长尾最初是由《连线》的总编辑克里斯·安德森（Chris Anderson）于 2004 年提出的，他是在比较基于网络的商业运用价值与物理世界中的商业运作价值的情境中提出的。用来描述如亚马逊和 Netflix 类网站的商业和经济模式。[①] 在碎片化学习的"长尾理论"模型中，如果将 X 轴

---

①ANDERSON C., The Long tail: why the future of business is selling less of more[M]. NewYork:Hyperion Books ,2006:10.

看作是学习频率，Y 轴看作是学习内容含量，那么碎片化学习活动和分散化的学习内容使得学习者学习频率变高，提升资源的利用价值。因此，学习者进行碎片化学习的学习“收益”并不一定比整体化学习差。例如，基于微型学习（bite-size learning）的培训是基于长尾价值这一理念的，即通过碎片化的微型学习提高学习者培训绩效，与此同时，资源的利用价值和使用绩效将得到提高。碎片化学习有效扩展了学习者原有固定的、封闭的学习时空，增加了学习者的学习机会。通过资源碎片化，提高资源利用率，提高资源使用和开发价值。

（二）碎片化学习的缺点

①碎片化学习不利于学习者知识体系结构的逻辑性，难以解决复杂学习任务和形成完整且有纵深感的个人知识体系。碎片化学习的学习内容是分解之后的碎片化、微型化资源，其分解的合理性和完整性直接影响学习者的知识结构。另外，碎片化学习不适合完成复杂学习任务，即将知识、技能和态度综合为整体，通过协调运用各种复杂认知技能完成实际工作的学习任务，促使学习者把所学知识应用于解决真实工作问题的实践中。复杂的学习并非是学习者通过学习分解的、孤立的知识碎片而实现的。

②碎片化学习容易导致学习者思维认知结构碎片化和分散化。学习者的学习行为和认知思维是彼此影响的统一体。碎片化学习行为会导致学习者认知思维碎片化，致使思维认知结构分散化和思考问题的方式片段化、局限化。在思维结构完整性和逻辑性受到影响时，学习者系统逻辑思维也会弱化。另外，孤立习得的知识碎片难以正确地应用于实践生活的整体任务中，以致在知识内容无情境化之下较难实现学习迁移。

基于碎片化学习存在的问题及对学习者的影响，在未来研究中可进行以下研究从而使其价值最大化。①有效设计碎片化学习资源。碎片化学习并非是有量无质的学习，其学习内容的有效性直接影响着碎片化学习效果和实用价值。因此，需要提供有效的学习内容以满足碎片化学习的需求和提升碎片化学习的价值，这也是本研究的主要内容之一。②资源碎片化后的聚合、有序研究。为提高资源利用价值及碎片化学习效果，在对资源进行分解之后，需要实现资源的聚合、有序。通过提供有序的、逻辑性资源，避免碎片化学

习带来的弊端，有利于学习者知识圈结构的完整。

另外，为更好发挥碎片化学习价值，需要提高个人的学习管理和知识管理能力。孤立的知识碎片所发挥的作用和价值是有限的，需要通过提练知识碎片和结构化手段完成碎片的“拼图”，利用有效的学习工具为碎片化学习提供管理路径以促进个人知识管理。这是未来碎片化学习所面临的重要挑战，也是非常重要且有价值的研究内容。

第三节 碎片化学习的学习内容需求转变与微视频课程

在对碎片化学习内涵及表现特征进行研究的基础上，本节主要分析碎片化学习需求的转变，以及在此背景下所出现的新的课程形式——微视频课程。

一、碎片化学习的学习内容需求转变

加拿大媒介理论家马歇尔·麦克卢汉（Marshall McLuhan）认为，每种新媒介的产生都会开创社会生活和社会行为的新方式。随着移动网络广泛应用，学习时空碎片化后的学习是没有时间和空间中心的，这极大地解放了学习者的主体性，使学习活动更为自主、开放、多元，有利于学习者实现随时随地的碎片化学习。在技术环境逐渐走向成熟之时，学习者在利用碎片化时空和多样化学习终端进行学习时对学习内容有着新的需求。

根据碎片化学习表现特征，其学习内容是碎片化和微型化的，不再是完整的、线性的、固化的。传统大模块、大粒度学习内容无法满足学习者利用碎片化的时间进行微型学习活动。因此，基于碎片化学习发生的情景，碎片化学习所需的资源是碎片化、微型化、灵活化的，是易获得、传播和共享的、受青睐的资源。

二、微视频课程的内涵及特征

近年来，随着视频技术和网络技术的快速发展，微视频课程逐渐备受青睐并得以广泛应用。下面将主要介绍本研究中关于微视频课程的内涵和特征。

（一）微视频课程内涵和内容结构

微视频课程首要属性是课程，关于课程的概念，国内外学者从广义到狭

义、从要素到功能、从过程到结果、从设计到评价等视角和应用情境，提出了50多种定义。[①] 国内文献在对课程进行界定时，较多采用《美国教育百科辞典》中的定义，即课程是指在学校教师的指导下出现的学习者学习活动的总体。它包括教育目标、教学内容、教学活动及教学评价在内的广泛的概念。课程的内涵随着学习方式和学习媒体的转变和发展不断地得以演变和延伸。[②]

微视频课程的另一重要属性是视频，即微视频课程的构成内容是微型教学视频（简称“教学微视频”）。微型教学视频与传统教学视频的显性区别是视频时长识点内容容量。（在第二章的微视频课程综述中将对微视频的研究进行详细阐述）

微视频课程是碎片化学习时代网络技术和视频技术快速发展而产生的。基于微视频课程的以上两个重要属性，笔者认为微视频课程是通过教学微视频表现的某门学科或某一主题的教学内容及实施的教学活动的总和。它包括两个组成部分即按一定的教学目标、教学策略组织起来的教学内容和教学支撑环境。其中，教学内容的主要载体形式之一是教学微视频，教学支撑环境是指支持教学的软件工具、教学资源及在教学平台上实施的教学活动。因此，微视频课程的内容是由若干个教学微视频按照教学目标和教学策略，由某种结构顺序所构成的。

微视频课程的内容结构是与课程内容容量相关的。若是容量较小的微视频课程（如短期培训、专题讲座等），则可由若干教学微视频直接构成［如图1–5（a）所示］。若课程内容较为系统化和完整化，微视频课程则可能由多个主题单元构成［如图1–5（b）所示］，或者由多个主题单元和零散微视频组合构成［如图1–5（c）所示］。[③]

---

①武法提.网络课程设计与开发[M].北京：高等教育出版社，2007.

②王觅，贺斌，祝智庭.微视频课程研究：演变、定位与应用领域[J].中国电化教育，2013(4):88–94.

③同②.

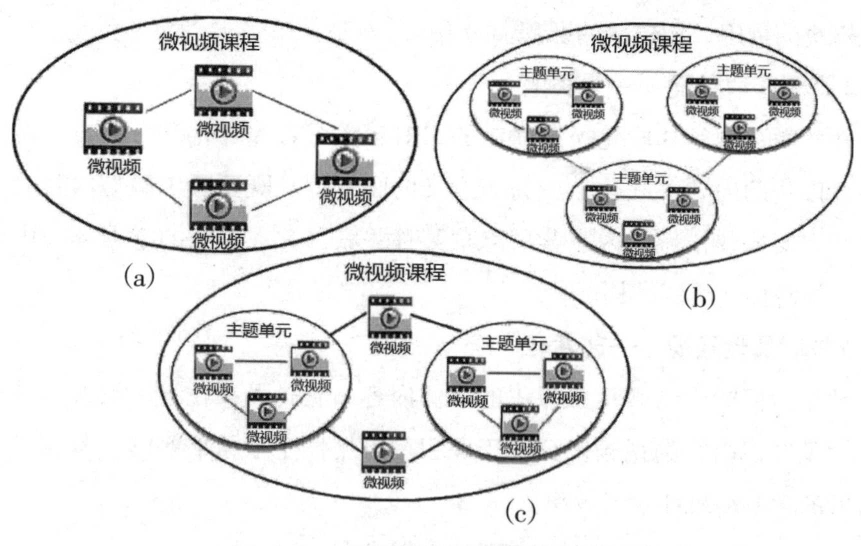

图 1–5　微视频课程的内容结构

（二）微视频课程的特征

根据微视频课程的属性及内涵界定，与传统的视频课程相比，微视频课程在课程结构层面、课程设计层面、知识内容层面及资源获取层面有着自身特征。

1.课程结构层面——松散耦合化

每个微视频课程的知识模块与邻近知识模块松散组成，呈现课程学习的结构性特点。同时，若干知识模块需要用有意义的方式组织，构成学习单元，实现特定的学习目标。

2.课程设计层面——模块化、主题化

微视频课程的设计是以知识模块、学习单元、学习主题为中心拓展的。为实现学习者根据需求和兴趣而自主选择学习内容，以及实现视频课程的可重用和再生，主题单元下的视频知识模块是意义完整的独立知识点，从而利于打破传统视频课程固化、严格的课程内容结构，实现课程的共建共享。

3.知识内容层面——微型化、碎片化

碎片化时代的注意力分散化、碎片化，学习者的持续注意力时间偏短，微型化资源易于学习者利用碎片化时间学习，也利于知识内容的共享，通过

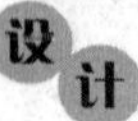

知识模块的重用，构建新的课程。

4.资源获取层面——关联化

教学微视频是片段化松散联结的，对于学习者碎片化学习而言，需要将这些片段化的内容关联化，成为有意义的联结体。既要考虑微型内容的相对独立性，又要在松散的内容背后隐藏某种关联，并在不断的学习体验中逐渐形成一个隐性连续的结构。①

5.视频属性层面——艺术化

教学微视频作为微视频课程的主体内容，它是可视化学习资源，其视频美观性及知识内容的视频表征对于课程的可用性是至关重要的，其直接影响学习者的学习动机和学习效率。

（三）微视频课程与传统视频课程比较分析

相对于微视频课程，在此将网络视频课程和电视课程统称作传统视频课程。二者虽同为视频课程，但由于其传播载体及应用途径不同，从使用者、设计者和开发者的角度出发，它们的设计理念及设计要求是不同的，如表 1-2 所示。

表 1-2　微视频与传统视频的比较

比较维度	微视频课程	传统视频课程（包括电视课程和网络视频课程）
设计尺度	内容的微观设计	内容的宏观设计和中观设计
目　标	有利于学习者进行微型学习和碎片化学习，提高学习的灵活性，以更好地满足学习者自步调学习需求；促进课程的可用性和再生性	突破传统课程学习的局限，实现非即时的、异地学习；实现课程的共享
需求依据	学习方式的多元化和学习的分布性	学习的非同步性及异步学习环境的成熟
课程结构	独立化、松散耦合化的模块	线性化、系统化、结构化的课程

①LINDNER M，BRUCK P A. Micromedia and corporate learning: Proceedings of the 3rd International Microlearning2007 Conference[M].Innsbruck:Innsbruck University Press,2007.8

续表

比较维度	微视频课程	传统视频课程 (包括电视课程和网络视频课程)
主体内容	基于知识模块的教学微视频	基于学习系统、学习单元或学习主题的传统视频
主体内容的时长	每个微视频在15分钟左右	每个视频约40~60分钟
技术支持	Web技术和云学习技术的发展	数字传播技术和Web技术发展
应用载体	门户网站；手机、上网本、平板电脑等智能终端；移动传媒	主要是门户网站、卫星电视

三、微视频课程符合碎片化学习需求

基于碎片化学习的学习内容需求转变，以及微视频课程内涵和特征，笔者认为微视频课程能满足碎片化学习需求，构成微视频课程主要内容的教学微视频能成为碎片化学习有效、可行的学习资源。主要依据有以下几方面。

1.视频课程具有广阔的应用市场并受广大学习者青睐

实验心理学家赤·瑞特拉（Treicher）证实人类在记忆持久性上一般能记住自己听到内容的20%，看到内容的30%，听到和看到内容的50%。美国心理学家詹姆斯·吉布森（James Jerome Gibson）则发现当视觉与触觉两种信息来源发生冲突时，人类更相信视觉，亦即说明视觉是人类感觉系统中最占优势的信息来源。同时，作为视听觉信息的视频，与其他非实时教学手段相比具有更强的现场感。① 美国企业家比尔·盖茨（Bill Gates）对视频资源在教育上的作用给予了高度重视："让优秀教师的教学视频更广泛地传播……把优秀课程的录像制成易于传播的格式……学生可以在外出的时候看物理课录像来学习……如果有学生暂时落后了，你可以把录像资料给他们进行复习。"视频资源作为网络学习资源具有以下优点：①能满足多种学习风格的学习者；②能提高情境化知识的传递效率，使学习者更容易接受；③与抽象的文本型资源相比，其内容更加直观；④可使当前的知识（present knowledge）与未来的

①沈夏林，周跃良.论开放课程视频的学习交互设计[J].电化教育研究，2012(2):84-87.

知识（forthcoming knowledge）更好地连接、关联。[①] 因此，微视频能发挥更大的学习价值和作用。

近年来，从网络视频课程的受欢迎程度看，视频有着广阔的应用市场，是未来开放课程的主要教学资源。随着网络公开课在2010年推出，其热门课程累计点击量已经超过千万次。另外，各类网络视频课程逐渐走进人们的视线，受到了热烈欢迎和追捧。例如，TED视频资源、新浪公开课、超星学术视频、中国“爱课程”视频公开课、可汗学院（Khan Academy）微视频等。尤其是可汗学院的微视频资源更是受到全球的关注和肯定，其资源模式及实践应用更是受到全球教育领域的思考、推荐和模仿。总之，知名大学公开课及各类网络视频资源已经成为学习者学习的重要渠道之一，视频资源将是未来开放课程最主要的教学表现形式，它受到了教师、学生高度重视和广泛关注，对教育领域已经产生了实实在在的影响。

2.教学微视频的时长和内容特点使其符合碎片化学习情境下学习资源的需求

教学微视频属于微型化资源，其学习内容短小，学习时长相对于传统视频课程明显缩短，它可作为微型学习活动的适宜学习资源。基于教学微视频的学习活动是短小的，这正好符合碎片化学习情境。因此，教学微视频可作为碎片化学习情境下的适宜资源，满足学习者的资源需求。

3.从教学微视频应用的技术环境来看，网络视频技术的发展和成熟及学习终端的多样化为基于视频类资源的碎片化学习提供了有力的保障

近年来，宽带网络技术的发展对视频的应用产生了巨大影响。由于网络（包括有线网络和无线网络）可以提供更高的接入带宽，这为大规模开展视频服务奠定了基础。在网络建设过程中，尤其是在IP网络建设过程中越来越强调服务质量（quality of service，QoS）的概念，使视频应用成为现实。视频压缩编码技术的发展也解决了在大压缩比的情况下，尽可能保证视频画面能够

① Instructional Strategies –online lectures and presentations［EB/OL］.http://academics.georgiasouthern.edu/col/id/instructional_strategies.php.2012-12-1.

高质量显现，使得在网络上支持实时视频播放的流式媒体技术得到普遍发展与应用。该技术解决了以视音频信息为代表的多媒体信息在中低带宽网上的传输问题。[①]另外，多元化智能学习终端设备的广泛运用，也为基于微视频的移动学习提供了技术环境。

4.微视频课程结构有利于学习碎片走向聚合

微视频课程的教学内容是依据教学目标和教学策略的，而并非是无序、零散的教学微视频集合。因此，微视频课程的目标有利于学习者在学习零散教学微视频后，实现知识内容的聚合关联，促进自我知识圈的完善和学习思维的结构化。

①王以宁，郑燕林.流媒体技术及其教育应用[J].中国电化教育，2000(11):65-67.

第二章　微视频课程研究综述及其内容现状分析

本章将对当前备受关注且与微视频课程相关、易混淆的概念——微型课程、微课、微课程、微视频、教学微视频进行梳理和阐述，分析微视频课程的演变发展脉络和主要应用趋向，对当前国内外具有代表性的微视频课程进行比较分析，对微视频课程的核心内容——教学微视频进行多维度分类，并分析教学微视频的属性特征及相关性。

第一节　微视频课程研究与发展脉络

一、相关研究

Web 技术和媒体技术的发展及教育应用促使人们对教学方式进行变革及创新的反思，与此同时，涌现出大量与学习方式相呼应的学习资源，如当前备受关注且探讨较多的微课、微课程、微视频、微型课程等，它们与微视频课程较为相似。然而，它们之间有什么异同？为避免人们混淆类似概念的内涵和本质，以及明确微视频课程的内涵，下面将对这些概念的内涵及彼此关系进行梳理和阐述，并对相关研究进行论述和探讨。

（一）微型课程

微型课程由美国阿依华大学附属学校于 1960 年首先开创，又称作短期课程或课程单元，是指一种在学科范围内由一系列半独立的单元（专题）组成的课程形式。[①] 它始于实践，后来才开始向理论概念化演变。由于它是从实践

①刘素琴.中小学教育中微型课程的开发与应用研究[D].上海:上海师范大学.2007.

中产生的一种课程形式，因此更具有课程的实用性价值。微型课程作为一种新型的课程形式在 20 世纪 70 年代正式引入美国的课程改革，因其自身周期短、灵活性强、易操作的特点而得到了广泛的应用和推广。20 世纪 80 年代开始逐渐成为世界各国课程开发的一种新趋势，于 20 世纪 90 年代传入中国并在职教界引起广泛关注。① 现在微型课程在其他国家的应用更多表现为网络课程形式，学校、企业或者个人针对某一主题开发出一定时间周期的网络课程，用于学习者的网络学习。

微型课程是指将学科课程划分为一系列相对独立的单元，每个单元包含一个独立的知识或活动，单元与单元之间没有必然的逻辑联系，这些独立的单元就构成了微型课程，学生可以根据自己的兴趣自由修读课程。② 它可以由一些小容量的学习专题所构成，其特点是灵活性和单元的半独立性，它是基于中观设计思想的、单元层面的设计。③ 通过若干微型课程的学习，就可掌握某个技能或一门学科的基本内容。

微型课程与传统课程相比有其自身的特点，表 2–1 从学习目标、学习内容、学习时间、学习模式、课程表现形式、课程结构、课程适用范围等维度进行了简单比较。

表 2– 1　微型课程与传统课程的比较

比较内容	微型课程	传统课程
学习目标	目标明确、具体	参照教学大纲设置学习目标
学习内容	学习内容集中，容量小；有较强的针对性、实用性；学习内容主要涉及学科内容、技能培训、生活方面的内容	教材知识，学术性知识
学习时间	少于一学期	一学期或者几学年

①张民选.模块课程:现代课程中的新概念、新形态[J].比较教育研究,1993(6):11–13.

②赵云菲. 小件的设计与开发研究——以上海科技馆动物适用非洲展区为研究课例[D].上海:上海师范大学,2011.

③罗丹.微型课程的设计研究——以“老年人学电脑”课程为例[D].上海:上海师范大学,2009.

续表

比较内容	微型课程	传统课程
学习模式	以学生自主学习为主	主要采取教师课堂教授形式
课程表现形式	基于视频、PPT 等自主学习或面授形式	面授形式、网络课程形式
课程结构	课程之间相对独立	具有逻辑性、系统性
课程灵活性	学生自定步调，根据需要自己制定课程表	固定课程表
课程适用范围	学科教学、技能培训、兴趣爱好的培养与发展、娱乐休闲等	学科教学

（二）微课和微课程

微课和微课程是教育受时代发展所驱动和催化的直接产物，受到教育工作者的广泛关注。然而，由于研究背景和视角不同，目前对于微课和微课程的定义众说纷纭，下面将按照定义出现的时间顺序对当前代表性定义和内涵进行梳理比较（如表 2–2 所示），从中看出其概念发展及受关注的重点。

表 2– 2　微课的概念发展与比较

定义及提出者	提出的背景或适用领域	概念定位	媒体形式与内容
按照新课程标准及教学实践要求，以教学视频为主要载体，反映教师在课堂教学过程中针对某个知识点或教学环节而开展教与学活动的各种教学资源有机组合①	佛山教育局 2011 年微课大赛；面向中小学正式学习	教学资源	课堂教学视频（课例片段），与该主题相关的教学设计、素材课件、教学反思、练习测试及学生反馈、教师点评等资源

①胡铁生.“微课”：区域教育信息资源发展的新趋势[J].电化教育研究，2011(10)：61–65.

续表

定义及提出者	提出的背景或适用领域	概念定位	媒体形式与内容
“微课”全称是“微型视频课程”，它是以教学视频为主要呈现方式，围绕学科知识点、例题习题、疑难问题、实验操作等进行的教学过程及相关资源之有机结合体	全国微课大赛	教学资源	微视频（教学视频片段），微教案、微课件、微习题、微反思等辅助性内容
微课又名“微课程”，是“微型视频网络课程”的简称，它是以微型教学视频为主要载体，针对某个学科知识点（如重点、难点、疑点、考点等）或教学环节（如学习活动、主题、实验、任务等）而设计开发的一种情景化、支持多种学习方式的新型网络课程资源①	未明确说明	视频型在线网络课程	微型教学视频
微课是以阐释某一知识点为目标，以短小精悍的在线视频为表现形式，以学习或教学应用为目的的在线教学视频。②	未明确说明	教学视频资源	在线教学视频
“微课程”（或者称作“微课”）是指时间在10分钟以内，有明确的教学目标，内容短小，集中说明一个问题的小课程③	教师培训翻转课堂的项目	课程（教学资源和教学活动）	以视频、录音、PPT、文本等载体的内容，以及学习清单和学习活动安排
移动微课是某个知识点的教学内容及实施的教学活动的总和。它包括按一定的教学目标组织起来的教学内容；按一定的教学策略设计的教学活动及其进程安排④	移动学习项目；适合于移动学习的微型课程	移动课程	微型资源、学习活动、学习评价和认证服务构成

①胡铁生，黄明燕，李民.我国微课发展的三个阶段及其启示[J].远程教育杂志，2013，(4)：36–42.

②焦建利.微课及其应用与影响[J].中小学信息技术教育，2013(4)：13–14.

③黎加厚.微课的含义与发展[J].中小学信息技术教育，2013(4)：9–12.

④陈敏，余胜泉.“微课”设计[J].中国教育网络，2013(6)：37–38.

通过以上概念的梳理和比较，得到以下总结：

①概念的提出是基于相关的研究背景。不同的研究背景和研究目的，其概念定位和包含内容是不同的。

②部分学者将微课和微课程等同，认为二者几乎是同一概念。

③概念分歧主要在于将微课或微课程定位为“教学资源”还是“课程”。“教学资源定位说”认为它是教学资源的有机整合（教学资源包），其中微型教学视频是主要内容；“课程定位说”认为它是教学资源与教学活动的总和。

④微型教学视频是微课或微课程的重要构成内容。

⑤随着微课程的深入研究和广泛实践，人们已经从其“资源定位说”逐渐关注“课程定位说”，即微课程的应用模式研究。

另外，各教育机构开展微课程比赛活动以推动微课程理论与实践应用研究。例如，佛山教育局于2010年开始探索“微课”的制作和建设，2011年正式开展“中小学教师优秀微课作品征集评选活动”。此类“微课”对教师、学生都起着重要作用。对教师而言，“微课”将革新传统的教学与教研方式，突破教师传统的听评课模式，教师的电子备课、课堂教学和课后反思的资源应用将更具有针对性和实效性，基于“微课”资源库的校本研修、区域网络教研将大有作为，并成为教师专业成长的重要途径之一。对学生而言，“微课”能更好地满足学生对不同学科知识点的个性化学习、按需选择学习，既可查缺补漏又能强化巩固知识，是传统课堂学习的一种重要补充和拓展资源。

2012年9月，教育部教育管理信息中心举办中国微课大赛，11月21日教育部中国教师报刊社启动“全国首届微课程大赛”，其目的是通过微课程的一系列培训、制作和比赛活动，探索教师成长的新途径，帮助教师迅速转变教育教学行为，适应课堂教学改革，推动区域教育变革。在本次微课程比赛中，将“微课程”指定为在线教学视频文件，其主要用于教师学习与培训，针对教师专业发展，内容直接指向具体问题，关注“小现象、小故事、小策略”，其主题突出。

（三）微讲座

2008年美国新墨西哥州圣胡安学院的高级教学设计师、学院在线服务经

理戴维·彭罗斯（David Penrose）提出了 Micro lecture（微讲座）视频资源。由于这一类视频形式非常特殊（时长 1 分钟），并且国内主要将其翻译为“微课程”，为加以区分，因此在此对其介绍。戴维所指的“微讲座”实则是一种微视频。它是以在线学习或移动学习为目的的实际教学内容，并非是为微型教学而特地开发的微内容。[①] 它的时长大约为 60 秒，所以也被称作“知识脉冲”（Knowledge Burst）。[②] 这些大约 60 秒的视频并非仅是简单（1 分钟长度）的演示，而是有着具体的知识结构。戴维·彭罗斯认为，这种格式是知识挖掘的一种框架，可以显示出“在哪里挖”，需要找什么内容，并且可以监督这一过程。[③] 然而，也有人对这种资源形式进行了质疑，认为这是教育的“弱智化”。60 秒不可能传递所有重要的信息，没有时间和地点进行讨论、分析。很显然，微讲座并非适用于所有人、所有学科。对于理论性的主题内容，分析是必需，一些需要持续讨论和对复杂过程解释的课程更是不适合。这类形式更适于用技术或实践性的主题，而类似于求解复杂方程这些需要持续论据的课程并不适合用微课程来教学。

戴维·彭罗斯建议采用以下五步来完成 1 分钟微课程的开发：①罗列在 60 分钟的课堂教学中你试图传递的核心概念，这一系列的核心概念将构成微课程的核心；②写一个 15 秒到 30 秒的介绍和总结，它们将为你的那些核心概念提供一个上下文背景；③用一个麦克风和网络摄像头录制这三个组成部分，制作成品的长度必须是 60 秒到 3 分钟之间；④在这个课程之后，设计一个任务，使这个任务能指导学生去阅读，或者开展探索这些核心概念的活动。如能与写作任务结合起来，那么，它可以帮助学生去学习课程材料的内容；⑤将视频和任务上传到你的课程管理系统中，以供课堂教学使用。

---

①Shieh, David. These lectures are gone in 60 seconds. Cover Stroy[J].Chronicle of Higher Education, 2009, 55(26): 13.

②Online Education-Introducing the microlecture format[EB/OL].http://www.openeducation.net/2009/03/08/online-education-introducing-the-microlecture-format/.2012-8-1.

③Thomos.Online Education□Introducing the Microlecture Formathttp://www.openeducation.net/2009/03/08/online-education-introducing-the-microlecture-format/

这种特殊的视频讲座与特殊的活动相结合，可以促进学习者的认知参与(Shea，2009)。EDUCAUSE 认为“微讲座”是可作为在线学习、混合学习和面对面学习的组成内容，这些微型资源可与学习活动相结合，促进学习者对主题内容的学习。这种短小的资源能使学习者更加集中学习的注意力。它可作为学习者的自助资源，在课前或课后学习，促进对知识内容的理解和复习。[①]目前，与一分钟的“微讲座”类似的研究资源有“One Minute Education”。

（四）微视频

微视频作为媒体，在其承载信息内容之时，则被认为是媒体资源，因此，当前人们所谓的“微视频”更多是指“微视频资源”，只是将“微视频资源”简称为“微视频”。微视频最早被人所熟悉是来自于 YouTube，在 Google 于 2006 年以 16.5 亿美元的天价收购 YouTube 备受争议之时，大家唯一取得共识的是 YouTube 上的微视频将有广阔的新前景。[②]事实正如所料，2006 年至今，从微电影、微广告，乃至微视频大赛，无不显示微视频这种资源作为普适、便捷资源的广阔应用市场。

对于微视频概念，现在整个网络视频行业、学术界至今仍无统一界定。其相关名称有最初的短片、电影短片、后来的数字短片及现在的微视频、短视频、微电影、短电影等。[③]其中，数字短片是随着数字技术的进步，电影电视艺术的发展，借助网络、手机、移动电视等播放媒介盛行起来的，在短时间内播放结束的数字影视内容。[④]根据其定义及相关的网络含义，微视频与数字短片、微电影、短电影等有着异曲同工之处。不同的媒体人，对微视频有着不同界定和需求。其中，较具代表性的有：微视频是指短则 30 秒，长则不超过 20 分钟，内容广泛，视频形态多样，可通过多种视频终端摄录或播放的

---

①Educase.7 things you should know about microlectures[OL].https://library.educause.edu/resources/2012/11/7-things-you-should-know-about-microlectures.2012-12.

②古永锵.微视频在中国的机会[J].互联网周刊,2006(36):11.

③苏岩.微视频发展历史研究[J].软件导刊(教育技术),2011(11):33-35.

④单仁慰.多媒体时代下的数字短片——从制作、播放平台和市场化看数字短片[J].电影评介,2008(14):75-76.

视频短片的统称。短、快、精、大众参与性、随时随地、随意性是微视频的最大特点。[①] 第一视频董事局主席、中国互联网协会副理事长张力军认为微视频是指播放时长介于 3~5 分钟的视频，兼顾新闻性、评论性与娱乐性，且更加方便在多媒体融合时代，满足网民使用横跨互联网、手机、移动终端多种形式来观看节目的需求。[②]

由此可见，虽然微视频在时间上的限制未曾达成一致，然而均突出短、精、小、制作相对简易便捷、注重信息的分享性、网友的互动性等特点。从媒体人的视角，他们更关注资源的盈利模式、内容定位和发展走向；从文化传播和解读的视角，人们更关注新资源的文化传播、价值导向和创造的潜能等。

（五）教学微视频

由于笔者认为微视频课程是通过教学微视频表现的某门学科或某一主题的教学内容及实施教学活动的总和，微视频课程的教学内容是由若干个教学微视频按照教学目标和教学策略，按某种结构顺序所构成的。因此，教学微视频是微视频课程的主要教学内容，是非常重要的概念。

教学微视频是具有教育性和教学性的微视频。其特点是：①它是具有完整意义的知识点或知识模块；②知识点目标明确；③知识内容精炼，知识容量小；④播放时长短。当前关于微课程的相关研究中大多指出微视频时长在 10 分钟左右。

二、演变发展脉络

根据视频的兴起背景、应用模式和载体，视频课程内容的演变与发展大概可分为三个阶段，每个阶段的核心代表分别为教育影视资源、网络视频课程内容、微视频课程内容。如图 2-1 所示，前一时期内容依然为后一时期所使用，但其核心地位逐渐被取代，并且应用模式和载体逐渐多元化。另外，获取途径变多，受众范围变广，应用越发灵活，其制作及应用的相关技术也

①杨纯，古永锵.微视频市场机会激动人心[J].中国电子商务，2006(11):112-113.

②华商网.颠覆“长视频”时代 微视频正成为视频网站新宠[EB/OL]. http://wenku.baidu.com/view/98208ad2240c844769eaee42.html，2010-11-4.

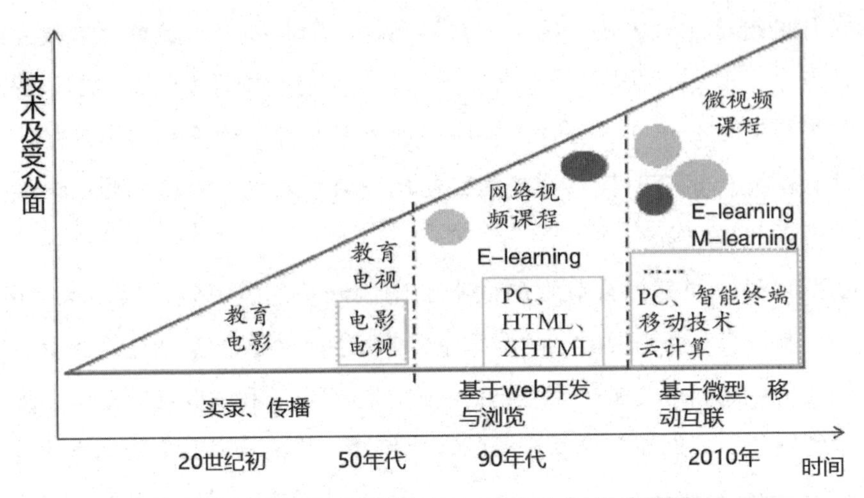

图 2-1　视频类教学资源的演变与变迁

越发丰富。[①]

(一) 教育影视

1.早期教育视频类资源——教育电影 (Educational Film)

视频最早期的教育应用形式是 20 世纪初的教育电影。1902 年，Charles Urban 在伦敦第一次展出了关于植物生长、蝴蝶蜕化、昆虫飞行、海底世界等主题的教育电影。当时的教育电影已具备慢动作、微观显示和海底景观等特技效果。世界著名发明家托马斯·阿尔瓦·爱迪生 (Thomas Alva Edison) 是早期制作课堂展片类教育电影资源的先驱者之一，他非常认同教育电影的可行性及其光明应用前景。“学校系统将在未来 10 年里彻底改变，人们可以通过电影传授知识，学校的书本将很快被遗弃。”[②] 20 世纪 20 年代末，有声电影的出现是教育电影历史发展的重要时期。当教育者逐渐认同无声电影的优点时，有声电影迎来了其发展和推广的浪潮。此时，公司、学校积极投身于有

---

①王觅，贺斌，祝智庭.微视频课程研究：演变、定位与应用趋向[J].中国电化教育，2013(4):88-94.

②Paul Saettler(1990).The evolution of American educational technology[M]. Information Age Publishing,2004.

声电影的制作。在第二次世界大战中，大规模制作教育电影并利用教育电影进行军队培训成为政府重要的指挥政策之一。

教育电影可为学习者提供生动的视觉形象，使抽象的概念以具体的图像呈现，虽然其较少重视教材的管理和评价，但是它对20世纪初视觉教育的推广发挥了重要作用。

2.教育电视

教育电视主要依托于电视台的教育节目。它始于50年代中期，美国“联邦传播委员会”（FCC）指定部分电视台划出专门频道制作教育节目，用于教育教学。随后，在英国、法国、意大利及以中国为代表的发展中国家迅速兴起。在全世界已成立电视台的140多个国家中，绝大多数都开办了教育电视节目。其中，20世纪60年代的教育电视节目主要分为两大类：一类是面向学校，作为正式课程的一部分，另一类是面向社会青年和成人，以提高科学文化水平。20世纪70年代卫星教育电视得到大力的推广与应用，电视教育逐渐走向成熟。教育电视节目的受众面遍布于各职业、各年龄层，如学生、工人、农民，幼儿、老人等；其内容亦多样化，如普通教育、职业训练、知识扫盲等。[①] 随着卫星技术的发展，基于教育电视资源的教学成为早期远程教育的重要模式。以国家农村远程教育工程项目为例，中西部地区县以下学校的远程教学采用三种传播模式，其中两种是基于电视的远程教学。[②] 可见，教育电视资源是网络学习发展成熟之前的重要学习资源。

电视类视频教学资源主要是通过实录拍摄进行广泛传播。如今，教育电视制作节目向着数字化、网络化方向快速发展。其传播渠道广泛，载体形式多样，且对多种媒体进行组合应用。

（二）网络视频课程

视频是网络课程的重要组成内容，其早期主要来自MIT开放课程中的课

---

①尹俊华.教育技术学导论[M].高等教育出版社.1996,36.

②郭绍青.正确认识国家农村远程教育工程中三种硬件模式与教学模式[J].电化教育研究,2005(11):42-46.

堂录像。随着开放教育运动的发展及网络课程的应用，网络视频课程得以广泛地开发和运用。从中国网络视频课程发展来看，其最初主要依托于精品课程建设项目。国家于 2003 年启动精品课程建设项目，截至 2010 年底，总共评审出 11 573 门课程。在《国家精品课程建设工作实施办法》中明确规定，精品课程必须提供不少于 50 分钟的现场教学录像。随后，由于网易、新浪、腾讯等主流媒体免费提供“全球名校视频公开课”，以及基于“多样、开放、自主、联结、协作、分享”为理念的 MOOC（Massive Open Online Course）[①]受到学习者和研究者的认同，国内掀起基于网络视频课程的“淘课”之风，使网络视频课程成为关注的焦点。于是，教育部 2011 年出台《教育部关于国家精品开放课程建设的实施意见》，计划在“十二五”期间建成 1 000 门精品视频公开课。[②]通过高校的平台，开发精品视频公开课，为学生免费提供网络视频。

网络视频课程主要是通过实拍和录播制作。随着无线传输技术的发展和智能学习终端的应用，其应用载体由单一的 Web 平台走向多元化。由于网络视频课程的传播途径多元化、易得化、便捷化、大众化，其受众范围相比于教育影视更广。网络视频课程的设计、开发与运用见证了远程网络教育的发展，是实现技术与教学相融合、技术促进教育教学的有效体现。

（三）微视频课程

终身学习理念促使学习者的学习方式走向多元化，并逐渐偏向于非正式学习。在学习走向移动化、微型化、碎片化之时，学习资源内容面临着新的挑战。传统大单元、大容量的资源已无法满足学习者的需求而逐渐走向微型化、移动化，此时学习资源的改革势在必行。

近年来，在线视频市场资源的增长促进了视频资源在 E-learning 中的应用。如今，平板电脑售量逐渐超过 PC 的市场趋势大大刺激了视频市场的增

---

①Vance Stevens.What´s the Matter With MOOCs［J］.on the Internet, 2013,16(4).

②教育部关于国家精品开放课程建设的实施意见［EB/OL］. http://www.edu.cn/zc_6539/20111109/t20111109_704610.shtml.2012-2-10.

长。事实上，在人类的众多感官通道中，视觉是人类感觉系统中最占优势的信息来源。人类的天性是偏向于可视化内容，视频能使人们以真实的方式参与，且参与程度高。另外，视频可以利用较短时间呈现大量的信息内容。

因此，视频作为最具交互性和视觉冲击力的资源，不仅可作为市场策略，只要运用合理，也可有效提高在线课程质量。学习媒体技术的发展、移动智能终端的普及应用及教育资源云的架构为微视频课程应用提供了环境支持，是促使微视频课程兴起和应用的动力因素之一。移动技术的发展促进了移动智能终端的普及应用和移动学习环境的建构。到 2015 年，全球智能手机的用户数量达到 10 亿，平板电脑销售量达到 3.75 亿台。（Forrester，2012）2010-2015 年期间，全球移动学习产品和服务的应用进一步广泛扩展，到 2015 年将达到 9.1 万亿美元。[①]在对学生移动学习的调查结果中，82%的学生使用手机上网，在多种学习方式中，54%的学生认为基于微视频的学习效果更好。[②]

基于资源微型化的需求、视频资源优势及学习技术和环境的发展延伸，微视频课程将成为多个领域机构和不同群体青睐的资源。它是重要的网络视频课程，它有着多元化的应用载体、广域化的学习受众、多样化的应用情境，其微型化特性使其成为 M-learning 的重要资源。

三、主要应用趋向

微视频课程的开发与应用较成功案例是美国 Khan Academy（可汗学院），它提供了 3 400 多个 10 分钟左右的微视频，学习点击率超过 MIT、哈佛等名校资源。现已将微视频资源与正规课堂教学相结合，进行“翻转课堂”（The Flip Classroom）的实践[③]，并开通移动学习平台。可汗学院作为成功的微视频课程应用案例，为微视频课程的未来应用提供了新的思考。根据微视频课程的特征属性，从在继续教育、移动学习、教师培训、教学辅助资源及全局观

---

①Sam S.Adkins.The worldwide market for mobile learning products and services:2010-2016 forecast and analysis[J].2013.

②郑军，王以宁，王凯玲，等.微型学习视频的设计研究[J].中国电化教育，2012(4):21-24.

③ Clive Thompson.How Khan Academy Is Changing the Rules of Education.http://www.wired.com/magazine/2011/07/ff_khan/ .2011-7.

的信息资源系统建设等应用目的及领域视角，微视频课程的未来教育应用主要有以下领域。

（一）用于智慧教育的入境学习和泛在学习

随着学习者学习时间的碎片化及学习媒体技术的发展，学习者的学习方式已经走向移动化、泛在化、智慧化。智慧学习是一种学习者自我指导的以人为本的学习方式，它通过智慧信息技术将学习活动整合，让学习者容易访问到资源信息，以支持学习者之间或者学习者与教师之间的有效交互，同时还需要设计自我指导的学习环境。① 智慧学习根据学习的情境和方式的不同，可分为个性学习、群智学习、泛在学习、入境学习（情境化投入性学习）等。② 微视频作为新形态的微型资源，具有学习粒度小，学习内容聚焦、终端载体多样化和便捷性、适用于真实情境和个性需求的学习等特性，能减轻学习者认知负荷，有利于学习者在真实情景进行投入性学习和泛在学习，以及按照个体需求进行自步调的个性学习。因此，微视频资源可作为智慧教育的有效学习资源，促进智慧学习的发生。

（二）用于继续教育的移动学习

继续教育的学习者主要是社会在职的成人学习者，这类学习者具有自我导向性强、自步调程度高、学习时间少、学习注意力分散、持续学习的时间较短等特征。基于成人学习者的学习风格，传统面授教学乃至平台网站课程已无法较好满足学习者的学习需求。而微视频课程的微型化、碎片化则符合个人学习者的学习风格，能有效地增加学习机会和满足学习需求。同时，随着全球内容的分布式渠道快速扩展，学习更趋向于分布式、移动化和个性化，移动学习从之前的增值服务逐渐变为市场的主流，成为重要的学习方式。到2015年，全球移动学习产品和服务的应用达到9.1万亿美元。③ 快速扩展的移

①Myung-Suk Lee，Yoo-Ek Son.A Study on the Adoption of SNS for Smart Learning in the "Creative Activity". International Journal of Education and Learning,2012(1),1-18.

②祝智庭，贺斌.智慧教育：教育信息化的新境界[J].电化教育研究,2012(12):5-13.

③Sam S.Adkins.The worldwide market for mobile learning products and services:2010-2015 forecast and analysis.2011,11.

动学习及服务能满足成人学习者学习时空碎片化的特征。

基于微视频资源的移动学习亦能有效跨越因地域文化等因素而影响自主学习的障碍，改进学习者自步调学习的内容和学习方式需求，真正满足成人学习者的自步调学习。当前，国内一些远程教育机构和高校继续教育学院已陆续开通移动学习平台，为学习者提供微型学习资源，上海交通大学继续教育学院、华南师范大学网络教育学院、北京邮电大学、浙江大学远程教育学院等。

（三）用于教师专业发展的培训学习

近年来，面向教师专业化发展的培训模式虽已逐渐成熟，培训效果亦明显转变，但仍面临培训资源的可用性、实用性和实践性欠缺等问题，以致学员参与培训的内驱力不足，主动性不强。另外，由于培训规模之大，人员之多，学习者认知水平和能力参差不齐，使得培训缺乏个性化和相应的学习过程优化方法。①

面对培训的问题现状，微视频课程为培训资源和培训模式的创新改革提供新的视角。微视频课程符合当前人们碎片化学习需求，使培训具有灵活性、适需性，而非传统的固化。微视频课程资源粒度小且更具指向性和目标性，易于作为培训案例，以及教师的目标性搜索。同时，远程培训模式可基于微视频资源的主题性、问题性，实行学分制，使学习者在制度化的资源超市中按需选择，有效激发学习者的能动性和内驱力，提高其参与培训的积极性，从而优化培训学习的过程，提升培训的意义。

（四）作为翻转课堂的适需学习资源

随着 Khan Academy 资源以及其应用实践模式——翻转课堂的出现，其迅速成为颠覆传统课堂教学模式的重要方式。“翻转课堂”（The Flip Classroom）是相对于传统课堂而言的，它主要指教师将教学内容放至网络平台，学生基于网络平台在课外自主学习知识内容，而课堂上则以教师的个性

①刘峰，苏继虎.远程培训的问题及本地管理策略研究——以农村中小学现代远程教育工程项目学校校长专题培训为例[J].电化教育研究，2010(4)：113-117，120.

化辅导和支持为主。其最初源于 2007 年美国 Woodland Park High School 的两位化学老师 Jonathan Bergman 和 Aaron Sam 将录制的课件放置网上，以供因故无法出席课堂教学的学生使用，由此提出“翻转课堂”的理念。在翻转课堂的理念之下，需要新型的学习资源以作为学习支架、学习策略。微视频课程可作为翻转课堂教与学情境下的适需学习资源，Khan Academy 的实践模式就是较成功的案例。当前国内已经有大量教育机构制作和推广微视频课程，并在中小学进行实践应用。

（五）优质微视频信息资源系统的建设

近年来，教育信息资源建设观念从早期重点辅助教师的“教”到关注学生的“学”，资源库的形态由重技术开发型、实体化的课堂教学资源库向互动生成型、虚拟化的智慧资源库转变。然而信息资源在实际教学中的应用情况并不乐观，有认识观念而无实践运用，适用性、实用性和可用性教学资源依然匮乏。[①]“边际效应递减”理论显示，决定资源应用的效益在于能否实现最大效度的实用性，即能否满足用户的“适需使用、适时使用、适量使用”。[②]在教育从“遗传性”走向创新性的趋势下，学习模式走向班级差异化教学、小组合作研究性学习、个人兴趣拓展学习、网上互动生成性学习。[③]微视频课程可作为信息化教学的内容资源、翻转课堂的自学资源、个体差异学习和自步调学习的支持性资源等，为学生提供易用、易得、适用、实用的学习资源，为教师提供优质的教学辅助资源，为学习模式的创新运用提供有力支持。

另外，微视频课程的内容粒度容量和结构的特性有利于开发面向泛在学习的微视频资源系统，以实现学习者对资源的实时性和易得性的需求。从面向学习对象的设计到学习元的研究，无不体现人们对提高资源的重用性、共

---

①胡铁生，焦建利.发达区域中小学教育资源建设现状分析:以佛山市为例[J].中国电化教育,2009,(1):69-73.

②胡小勇，詹斌.区域教育信息资源建设现状与发展策略研究[J].中国电化教育,2007(6):56-61.

③祝智庭.教育技术前瞻研究报道[J].电化教育研究,2012(4):5-14,20.

享性、易得性、可用性等以实现资源的生成进化和智能适应性①，建设优质信息资源库的愿景。基于知识组块/知识点的微视频课程易于实现视频课程的重用和再生，便于使用者对目标性资源的获取。如今，基于知识内容表征的图片资源内容库已得到应用。基于嵌入式系统和信息系统的微信息系统（Micro Information Systems）可与泛在知识发现（Ubiquitous Knowledge Discovery）系统相结合，实现粒度信息的提取及信息到知识的转变，提供泛在的知识内容。②因此，在泛在计算、关联推送技术、云计算、协作式的智能过滤（Collaborative Intelligent Filtering）等技术支持下，可建设基于微视频网络化、关联化、泛在化的知识资源系统。

第二节　国内外微视频课程及其内容设计的分析

微视频课程因其便捷易得可用而迅速受到高校远程教育机构、正规学习机构及非正规教育研究机构团体的关注和重视，并在教育教学中进行实践应用。然而，由于微视频课程的目标指向和使用对象不同，其设计理念宗旨、课程的内容设计和呈现形态等均有所不同。下面将对当前国内外较具代表性的微视频课程进行比较，以分析当前微视频课程及其内容设计的特征。

一、研究设计

1.样本选取

本研究样本的选取考虑了课程受欢迎程度、课程提供者的机构性质、课程的使用对象等。因此，下面将以美国 Khan Academy（以下均称“可汗学院”）、代表 MOOC 资源的 Coursera、中国微课网、几分钟网为样本进行分析研究。

---

①余胜泉，杨现名，程罡.泛在学习环境中的学习资源设计与共享——“学习元”的理念与结构[J].开放教育研究，2009，15(01):47-53.

②Rasmus Ulslev Pedersen.Micro Information Systems and Ubiquitous Knowledge Discovery .In M. May &L. Saitta (Eds):Ubiquitous Knowledge Discovery, LNAI 6202,.Springer-Verlag Berlin Heidelberg 2010,216-234.

2.研究方法及比较维度

本研究主要采用内容分析法对各类微视频课程进行比较分析，依据课程案例，总结归纳微视频课程及其内容的显著特征。

对微视频课程的比较分析维度主要是课程概述、教学微视频特点、课程的内容结构。具体内容如下。

课程概述：课程的目标指向、所属机构、使用对象、时长、制作技术；

教学微视频特点：知识内容性质、知识内容的教学方法、知识内容的呈现方式。

课程的内容结构：课程的教学内容是如何由教学微视频构成的、教学微视频之间的关系。

二、研究过程与结果

（一）可汗学院课程

曾在网上辅导侄女数学的 Salman Khan[①]在其教学视频得到广泛认可和利用之时，于 2009 年开始全职制作微型教学视频，并成立非营利性的、免费提供在线教学视频和练习资源的可汗学院，成为风靡全球、家喻户晓的“网络数学之父”，其教学视频上传至 YouTube EDU 频道之后，点击率一度超过麻省理工、哈佛等名校的开放课程。

1.课程概述

目标是免费提供自主学习的资源。它试图颠覆传统课堂教学模式，引领翻转课堂实践，成为颠覆传统教育和传统课堂教学的第一例。

课程的最初使用对象是 K–12 学生，以及教师和家长，如今已扩展至大学生和社会成人学习者。

教学视频大约 3~12 分钟，其制作课程的工具是 Wacom Bamboo Tablet（绘图板）、SmoothDraw3（画图软件）、Camtasia Recorder（录屏软件），可汗

---

①Salman 在麻省理工学院的专业之一就是数学，同时学习计算机科学和电子工程课程，获硕士学位，后来又在哈佛大学获工商管理硕士学位。他的学习背景是他工作顺利开展的基础。

学院已开通移动学习平台，可基于移动终端进行学习。

课程平台主要由用户层、资源层和活动层构成，如图 2–2 所示。它是以学习者的自主、按需为中心的自适应学习平台，能为学习者提供教学视频和练习测试题、动态的服务系统及基于学习徽章和积点的学习评价，是集教学内容和教学活动于一体的学习环境空间，如图 2–3 所示。学习者依托系统平台的自适应教与学资源、学习服务和学习评价开展动态的、自定步调的自主学习活动。

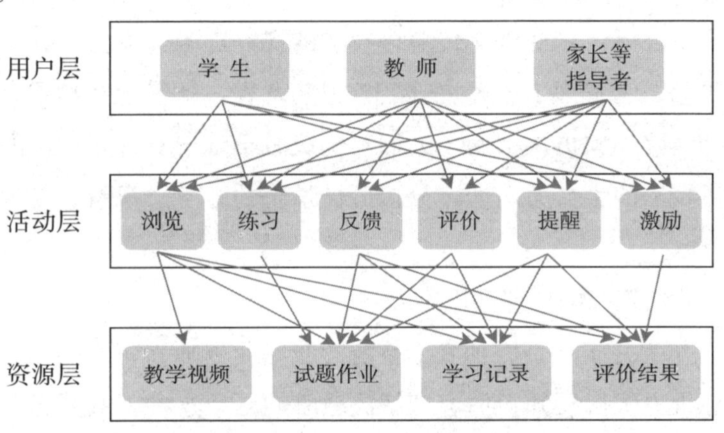

图 2–2　可汗学院学习平台模型

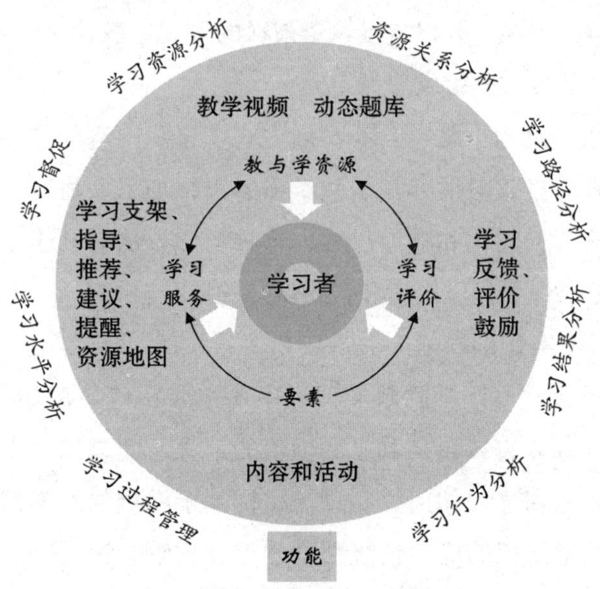

图 2–3　可汗学院学习环境空间

2.教学微视频特点

迄今为止，可汗学院包含有数学、化学、物理、金融、SAT等标准考试竞赛、计算机科学、宇宙学、天文学、法律等领域多学科的3 800余个教学微视频。可汗学院的教学微视频均是基于Camtasia录屏软件和绘图板、画图软件制作的，它是对教师教学过程的实录。其实这是最为典型的传统教学方法——讲授法。此时的绘图板相当于黑板，教学场景相当于教师边讲解边在黑板上进行板书。不同的是教师Salman看不到学生，学生也看不到教师。至此，我们不禁疑惑，这样基于传统讲授法的视频资源，为什么其学习点击率一度超过哈佛、麻省理工、耶鲁等名校视频课程，备受全球学习者的认可和青睐？可汗学院现象再次引起了人们对传统教学方法及视频教学的反思，激活了传统讲授法的生命力。通过分析可汗学院的教学微视频，发现其具有以下显著特点。

(1) “共情感”的授课和思维方式

Salman作为并未具备教师教学技能的非专业教师，完全以一名初学者和学习者的思维方式讲授知识内容和解决教学问题，这种“共情感”的授课思维使其学习者易于接受和理解教学内容。Salman认为可汗学院最大特色之一是自己制作教学微视频，并以自己希望被教的方式进行教学内容的讲解。

(2) 自我对话方式的引发思考空间

Salman在教学过程中常以自我对话方式、自我问答的“表演”方式呈现教学活动，此时的自我对话亦是引领学习者思维加工、将新信息内容与原有认知结构进行整合、同化和顺应过程。这种教学方法有利于牵引学习者的学习注意力，促进学习者积极思考和自我认知的提升。

(3) 基于真实案例的教学

以案例讲概念是可汗学院数学课程中最重要特色。例如，在讲解利息、现值时，Salman并未直接给出利息和现值的定义，而是以一个具体的银行存款实例说明什么是利息，如何算利息。这样基于实例的教学简化了教学内容复杂性，通过赋予知识的应用情境帮助学习者理解知识及其实用价值，这也是为什么众多学习者评价可汗学院课程简单易懂的重要原因。

(4) 幽默化授课风格和可视化图解语言

风趣幽默亦是 Salman 讲课的重要特色之一。无论是因为西方的幽默语言文化，还是 Salman 的个人说话特色，不可否认的是，幽默的语言是一种极具人格魅力的教学风格，为基于观看视频的学习缓解了枯燥单一的学习氛围，提高了学习者学习兴趣。另外，Salman 的图解语言是授课的另一特色。他擅长通过画图来讲解知识内容。

(5) 问题化的知识点设计

从可汗学院每门课程的教学微视频分析来看，其每个视频均是时长不超过 10 分钟的知识点，每个知识点设计均以问题解决为核心，即问题与知识点内容直接相关。

3.课程的内容结构

(1) 碎片化知识模块和网状化资源超市

可汗学院平台包含着丰富的“视频资源超市”，学习者可以任意挑选所需资源。虽然“超市”视频数量庞大，但整个视频资源库的结构呈现网状化，类似于知识地图。这有利于学习者在进行自适应学习时通过放大和缩小的浏览功能，对知识结构和视频内容有着宏观的整体了解，有利于学习思维的关联化和网状化。

(2) 拟小标题课程知识

通过讲解课程核心概念及概念之间关系展开教学，通过知识点与知识点之间的联结形成知识网络以构成相对完整的课程知识圈。下面以《三角学》这门课程为例进行说明（请见附录 2）。《三角学》是研究平面三角形和球面三角形边角关系的内容，它一共包含 39 个教学微视频。此门微视频课程被分为基本三角学、三角函数、三角方程、三角等式、三角应用等概念性主题内容，每个概念性主题内容可能通过若干教学微视频加以讲解。另外，通过讲解概念间的关系实现概念的深度学习，从而构成课程内容。

(二) 以Coursera为代表的MOOC

随着开放和共享教育理论的推广，MOOC（Massive Open Online Course，大量地在线开放课程）这一云时代智慧教育需求下兴起的新课程逐渐走入人

们的视野，它是通过云计算平台使名师的授课覆盖传统意义上难以企及的受众人数。MOOC 最早由加拿大学者 Dave Cormier 和 Bryan Alexander 提出的。①它不仅可以聚集学习内容和学习者，而且可以通过共同话题或某一领域的讨论将教师和学习者连接起来。②它具有开放性、大规模、自组织和社会性等特点，具有汇聚、混合、转用、推动分享的原则。③当前较具规模且资源备受欢迎的 MOOC 有 Coursera、Udacity 和 edX，三类课程具有相同的教学宗旨和不同的教学服务与支持。三者的比较如表 2-3 所示。

表 2-3　Coursera、Udacity 和 edX 的比较

	Coursera	Udacity	edX
简　介	由斯坦福大学教授在2011 年初创立的非营利性课程网站；目前已经有 33 家世界名校加入 Coursera 的阵营	由斯坦福大学教授创办的非营利性网站，但没有跟大学结成联盟	由 MIT 和哈佛联合于 2012 年 5 月份推出的网站；加盟学校包括伯克利、德克萨斯大学系统（包括 9 所大学和 6 家医学院）等
课程内容	包括计算机科学、数学、商务、人文、社会科学、医学、工程学和教育等	主要覆盖计算机科学、数学、物理、商务等	主要覆盖化学、计算机科学、电子、公共医疗等
评估	基于软件的测验，作业，习题集； 学习者之间互评； 可进行多次测评	基于软件的测试，习题集	基于软件的测试、作业
互动模式	在线论坛和学习小组；同城会	在线论坛和学习小组；同城会	部分课有区域性聚会

① Alexander McAuley, Bonnie Stewart, George Siemens , Dave Cormier. the mooc model for digital practice[EB/OL].http://www.elearnspace.org/Articles/MOOC_Final.pdf.2011-1-10.

②WIKI. Massive Open Online Course [EB/OL]. http://en.wikipedia.org/wiki/Massive_open_online_course.2012-9-12.

③李青，王涛.MOOC：一种基于连通主义的巨型开放课程模式[J].中国远程教育，2012(3):30-36.

续表

	Coursera	Udacity	edX
学习进程/节奏	课程均有开始时间和结束时间，但只要在注册截止之前，均可加入；按照教师的大纲进度自步调学习	可随时注册其当前提供的课程；自步调学习	每门课程都有开始和结束时间，开课后两周截止报名；自步调学习
学习认证	部分教授自主颁发结业证书；部分学校可为学生提供学分	网站根据学习情况颁发不同层次的证书；可依据学生成绩，为学生推荐工作	获得结业证书，如荣誉代码及经过监考后授予的证书两种形式

本研究将以 Coursera 为 MOOC 的代表，对其进行比较分析研究。Coursera 由斯坦福大学计算机科学的教授达芙妮·科勒（Daphne Koller）和安德鲁·吴（Andrew Ng）于 2011 年下半年创立。这个位于加利福尼亚州山景市（Mountain View）的公司通过与各个高校联盟，免费为学生提供在线课程。在此之前，由于他们注意到斯坦福有大约 10 万名学生注册选修了他们开发的在线课程，因而萌生创办此平台的创意。

1.Coursera 概述

目标是为每个人免费提供获得世界水平教育的学习机会。通过此平台的课程对传统面授教育进行改革，为更多学习者提供免费学习资源。

目前的使用对象主要是大学生和其他成人学习者。它提供了从人文学科到社会学和基础科学及商学、法律、金融和工程学的 200 多门课程。

课程平台提供微型教学视频、教学大纲、学习建议、辅助性学习资源、互动练习、学习反馈等，学习者根据教学提示自主学习微视频讲座，完成相应的练习、获得及时的反馈和动态的随机作业。其中，即时的互动小测试及提供的同城会平台是其重要特色。

2.教学微视频特点

①每门课程的教学内容是由时长 10~20 分钟的教学微视频构成，教师主要运用以语言传递为主的讲授法。

②多样化的教学微视频呈现形式。由于 Coursera 课程均由各高校提供，教学微视频的制作和呈现形式并未完全统一，主要是在特定的演播空间利用摄像技术对教师教学过程进行拍摄，经过分析发现其较具代表性的教学微视频呈现形式。

3.课程的内容结构

课程内容容量较大，是由若干主题模块构成，每个主题模块包含若干教学微视频。Coursera 课程主要是面向大学生和其他成人学习者的大学课程，每门课程至少包含 5 个模块，如图 2–4 所示。

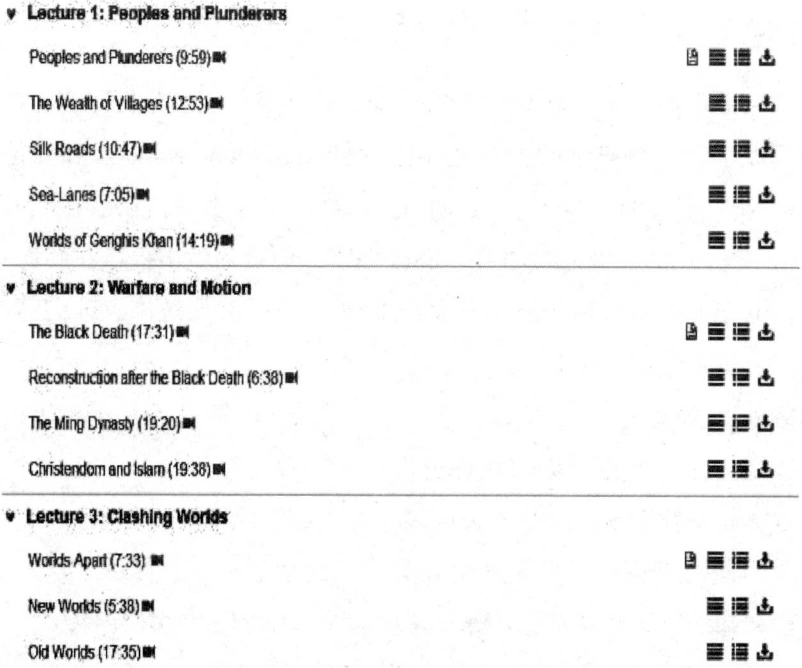

Lecture 1: Peoples and Plunderers

Peoples and Plunderers (9:59)

The Wealth of Villages (12:53)

Silk Roads (10:47)

Sea-Lanes (7:05)

Worlds of Genghis Khan (14:19)

Lecture 2: Warfare and Motion

The Black Death (17:31)

Reconstruction after the Black Death (6:38)

The Ming Dynasty (19:20)

Christendom and Islam (19:38)

Lecture 3: Clashing Worlds

Worlds Apart (7:33)

New Worlds (5:38)

Old Worlds (17:35)

图 2–4　课程内容模块结构

（来源于：普林斯顿大学《A History of World Science 1300》）

主题内容可以按一定逻辑细化为若干知识点，知识点可围绕核心关键词而展开。以普林斯顿大学的《A History of World Science 1300》为例来看（如表 2–4 所示），课程内容可以根据某种逻辑关系进行分割设计，如时间逻辑、空间逻辑、结构内容逻辑等。《A History of World Science 1300》讲述的是全

球近700年来的历史，从成吉思汗到现代的历史。宗教、经济、政治的力量如何将世界连在一起，又如何克服鸿沟，实现全球化。此门课程每个视频内容的设计均是围绕一个知识点而展开论述的。

表2-4　案例：《A History of world science 1300》专题-知识点的课程结构模式

模块内容	知识点内容	时长（分钟）
Lecture 1: Peoples and Plunderers	Peoples and Plunderers	9′59″
	The Wealth of Villages	12′53″
	Silk Roads	10′47″
	Sea-Lanes	7′05″
	Worlds of Genghis Khan	14′19″
Lecture 2: Warfare and Motion	The Black Death	17′31″
	Reconstruction after the Black Death	6′38″
	The Ming Dynasty	19′20″
	Christendom and Islam	19′38″
Lecture 3: Clashing Worlds	Worlds Apart	7′33″
	New Worlds	5′38″
	Old Worlds	17′35″
	Europe Meets America	12′08″
	The Columbian Exchange	11′50″
Lecture 4: Atlantic Ocean Worlds	Atlantic Ocean Worlds	8′51″
	From Conquest to Colonialism	14′43″
	Silver and Slaves	19′23″
	Baroque Worlds	11′25″
Lecture 5: Indian Ocean Worlds	Back to the Woods	11′10″
	Pepper and World History	13′44″
	Early European Empires in Asia	10′49″
	Rivalries in Asia	9′42″
	Conclusions	13′23″
…	…	…

4.视频中提供个性化学习支持的功能

基于学习者需求的即时互动是 Coursera 平台微视频讲座资源的特色之一。学习者在学习过程中，除暂停、快进及即时问答互动外，还可根据自我需求，通过功能的自选，实现多种互动。由于学习者学习风格不同，为提高视频资源的可用性，更好地满足学习者的学习需求，在视频设计过程中，提供了多种自选功能。例如，学习可根据自我学习需求、学习特征，决定是否有字幕、自主调节教师的讲课语速、人性化的快捷键设置；部分课程还可实现教师图像与教学内容的自主切换，以满足不同学习者的学习需求。

（三）微课网课程

微课网[①]是北京微课创景教育科技公司旗下的 2012 年正式上线的专业化学习网站。微课网有着专业的制作团队、设计团队和教师团队，因此，其课程和平台相对较成熟。尤其是大量的优质课程受到学生和家长的广泛好评(好评依据见附录 3)，于是本研究依然将此平台的课程作为研究分析对象。

1.微课网概述

微课网主要面向的对象是中学生。通过提供全国名师的教学视频，以 20 分钟左右的教学微视频为学生提供个性化的指导，使学生克服学习中的弱点，解决学习难题。

微课网的教学微视频是在正规组织的场景中进行摄录的，是需要收费的。

2.教学微视频特点

微课网平台的学习内容是基于中学各门学科的，是具有一定规模性和组织性的制作课程。其教学微视频的制作是对教学名师的教与学活动进行实录拍摄，通过投影和黑板相结合的方式呈现教学内容。这种制作方式及内容的呈现方式具有较强的教学现场感，其重点在于传播教学名师的教学内容和教学方法。

由于微课网是营利性网站，因此，其教学微视频质量直接关系着网站平台的运营及盈利与否。在制作技术得到保障情况下，教学微视频质量主要取

---

①微课网网址：http://www.vko.cn/.

决于微视频知识内容的设计、教师教学方法及教学风格。本研究通过分析总结其特点如下。

(1) 每个教学微视频知识点目标明确

由于微课网主要面向中学生且其目的是针对学生弱项或疑点进行针对性教学讲解。因此，其内容的设计均是基于具体知识点的教学目标和教学内容而进行清晰明确的设计。

(2) “导航式”的学习内容介绍

每个微视频的伊始均设置学习导航，使学习者在学习之前能总体了解本视频的主要内容，以便学习者进行针对性的按需、自主学习，这也是微课网微视频资源的重要特色之一。

(3) 总-分-总的教学思路方法

在设计学习导航的同时，教师教学过程是：整体介绍知识点目标—讲解知识点内容—总结归纳。此种教学过程通过强化知识内容要点，促进学习者对知识内容要点的理解和回忆。

(4) 问题化、实例化、专题化的知识点设计

知识点讲解大多是基于问题、实例、学习内容专题而展开的。另外，其重要的教学模式是将知识要点的讲解与习题问题的解决相结合。

(5) 教师教学风格较为突出

主讲教师均是特级、优秀、骨干教师，他们的教学方法和教学风格相对较被认可。依据学习者对各教学微视频的评价（请见附录3），以及对这些五星级评价的视频进行分析，发现主讲教师突出的教学特点有：教学思路简洁清晰明了；教学风格风趣幽默；口齿清楚、讲解生动透彻。

3.课程的内容结构

本平台微视频课程的内容主要围绕中小学教学大纲及考试重难点而构成的，是面向考试的知识点集合体。每个教学微视频讲解一个知识点且直接指向于考试内容。

（四）几分钟网课程

几分钟网是专注于知识教育视频的网站，网站内容贴近生活，用几分钟

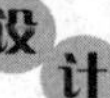

的视频短片与用户分享生活小窍门。尽管此平台的内容较多较广，然而其分类清晰，且视频资源质量较高、较具代表性，因此亦作为本研究的资源分析样本。

1.平台课程概述

网站以“好看的生活百科”为目标，其内容分类有文化教育、健康教育、风尚美妆、吃喝玩乐、生活家居、运动户外、手工DIY、艺术创意、两性关系、职场理财、交通出行、数码极客。①

微视频时长基本在3分钟左右，不超过5分钟。其面向对象较广，主要是兴趣类用户（如基于某一主题兴趣）用户和提高类（如提高生活技能及常识）用户。

此平台主要的微视频课程的策划、拍摄、剪辑都由专业工作人员操作。它试图将生活中复杂、难解决的事用轻松活泼、风趣幽默的表演方式展现出来。具有传播范围广、互动性强、内容讲解清晰、资源内容直观可视化等特点。

学习者通过兴趣爱好建构学习共同体，以进行实时的互动、交流、分享。基于标签的主题分享可促进学习者之间的学习经验和生活常识的交流、学习资源的共享等。

2.教学微视频特点

①不同知识内容所采用的教学微视频制作方法和呈现形式是不同的。经过总结分析，此平台主要包含有以下几种。

第一，实拍操作演示类课程，常用于生活和工作中经验、技能的分享。例如，美容美发美甲、美食、魔术、生活、家具、小游戏、户外运动、健身等。

第二，录屏软件录制教学内容。此种方式与可汗学院课程较为类似。在此平台中主要针对于数学知识的教学。

第三，基于动画、视频辅助的讲授知识。此种方式有利于增加学习的生动性和提高资源可用性。

---

①注：本平台课程分析是基于2012年12月20日之前的数据。

②知识内容是基于问题解决或技能分享的。本网站基于“好看的生活百科”这一宗旨，其课程内容均是关于生活常识、兴趣爱好、问题解决和技能分享等真实性内容。

③每个教学微视频的内容精悍且目标明确。每个教学微视频包含一个知识点，通常是以解决问题或提高生活技能为目的的。

3.课程的内容结构

本课程平台微视频课程的内容基本按照主题划分而构成的。本平台教学微视频从零散的、视频之间无必然逻辑逐渐走向系列主题化（如折纸青蛙系列、悬坠钓技系列、环保 DIY——光盘软盘系列等），即微视频课程是按照主题进行划分和归类，每个主题介绍某一技能由几个教学微视频构成。例如，折纸青蛙系列微视频课程主要是通过实物演示讲授如何折叠青蛙，它包含 7 个教学微视频，分别是如何折跳蛙、如何折青蛙、如何折青蛙（二）、如何折在唱歌的青蛙、如何折四连纸青蛙、如何折格子青蛙、如何折蝌蚪。

三、研究总结

本研究通过对四种微视频课程在使用对象、应用目的、内容教学微视频时长等方面进行了梳理（如表 2–5 所示），总结了基于不同使用对象和应用目的的微视频课程特点、教学微视频评价量规和微视频课程的内容结构特点。

表 2– 5　四种教学微视频课程的比较

比较维度	来　源			
	可汗学院	Coursera	微课网	几分钟网
面向对象	中小学学生、大学学生、教师、家长	大学生、其他成人学习者	中小学学生、教师、家长	广大学习者
课程内容的性质	中小学和大学（正规教育范畴内）的课程内容	大学（高等教育范畴内）的课程内容	中小学（基础教育范畴内）的课程内容	通识教育，生活常识类的课程内容
目标取向	主要用于辅助中小学和大学的标准化考试	主要用于辅助大学课程的考试；满足个人学习兴趣	主要用于辅助中小学标准化考试	主要是分享生活和工作中经验与技能，解决问题、满足个人学习兴趣等

续表

比较维度	来源			
	可汗学院	Coursera	微课网	几分钟网
构成内容	课程是由若干教学微视频直接构成	课程是由若干主题模块构成，每个主题模块由若干教学微视频构成	课程是由若干主题模块构成，每个主题模块由若干教学微视频构成	课程是由若干个教学微视频构成
教学微视频的时长	10分钟左右	主要是10~20分钟	20分钟左右	3分钟左右，不超过5分钟

（一）基于不同使用对象和目标指向的微视频课程特点

①生活百科类的、强调实践操作和过程展示类的教学微视频时长较短（一般在5分钟以内），常采用以感知为主的操作演示法展示教学过程。例如，各种技能类和解决问题类的知识。

②高等教育类微视频课程的内容结构较为完整，知识容量较大且时长相对较长。对于知识容量大的课程可以采用“三级”设计，即课程—单元—知识点；对于知识容量小的课程可以采用“二级”设计，即课程—知识点；

（二）教学微视频评价指标

从教学性、艺术性和技术性的角度，对知识内容设计、教师教学风格及知识内容的呈现方式三个方面总结教学微视频的评价指标，如表2–6所示。

表 2–6　教学微视频的评价指标

评价视角	指标	指标描述	目标
教学性	知识内容教学设计	知识点短小、精悍 知识内容的目标明确 知识内容清晰易懂 知识内容讲授的思路清晰 知识内容是有意义的	内容设计科学合理，满足学习者对学习内容的需求
艺术性	教师教学艺术	有教师或是教学语言的视频 教师的教学行为大方、得体 教师的教学语言富有吸引力和感染力（如幽默性） 教与学氛围轻松 无教师和教学语言的视频 教与学氛围轻松	教师教学方法具有科学性和艺术性，能较好激发学习者的学习动机
	界面设计	视频界面和声音清晰 界面的知识内容清晰醒目 界面布局合理	内容的呈现形式和多媒体要素运用合理，符合当前学习者的学习认知和风格
	知识内容的表征	知识内容的字体和大小合适 多媒体元素符号（图片、动画、声音、文字）的运用合理恰当，符合学习者学习认知	符合学习者认知，减少认知负荷
技术性	制作技术	所选用的视频制作技术合理	选用恰当、适需便捷的视频制作技术

（三）课程的内容结构特点

课程的内容结构特点主要是指课程的教学内容是如何由教学微视频构成的、教学微视频之间的关系。通过对各类微视频课程的内容结构进行分析，总结以下特点。

①通过讲解课程核心概念及概念之间的关系展开教学，通过点与点之间的联结形成知识网络以构成相对完整的课程知识圈。

②主题内容可以按一定逻辑细化为若干知识点（如时间逻辑、空间逻辑等），知识点可围绕核心关键词而展开。

③通过构建知识地图，建立知识点之间的关联性及宏观把握课程内容，同时，通过知识点之间的联结实现碎片化学习内容和学习思维的聚合。

第三节　教学微视频分类框架

如今，教学微视频类学习资源受到了学校、企业、非营利教育机构等社会各领域的广泛关注和应用，然而其资源形式纷杂不一。不同的教学微视频的受众、应用目的、传播途径等均有所不同。因此，在进行教学微视频设计和制作时，不免需要考虑以下问题，如这门教学微视频课程主要采用哪些教学方法？各教学微视频的知识内容最适合采用哪种方法？适合使用哪种制作模式？鉴于资源制作的客观条件，哪种制作模式最可行？……下面将根据教学微视频进行多维度分类，并进行分析比较，以期提高资源的制作和应用绩效，促进教学微视频的合理、适需应用，实现资源建设中的共建共享。

一、基于内容时长的分类

教学微视频粒度容量大小可从资源时长直接体现出来。根据不同内容及应用情境，其资源时长亦有较大差别。

粒度相对小的资源可适用于讲授概览性知识内容、常识性小知识、问题解决和技能共享类知识等。例如，总体介绍某主题的知识体系和逻辑结构、介绍总结性的内容、分享生活技能（如食物保鲜方法、马桶坐垫安装方法、蛋糕的制作、发型设计与制作、SIM 卡的安装和卸载）等。此类小粒度资源有利于学习者进行泛在学习，如利用候车、旅途/旅行中的时间进行学习。

粒度相对大的资源一般是知识结构性较强、知识粒度较大的内容，在正规的结构性课程内容中较多是这类资源，如课程学习单元的内容。这类资源一般是内容容量较大的知识点，具有全面的教学设计，如包含情境导入、问题的提出和引导、案例分析等。

教学微视频时长要考虑学习者的认知特点，如注意力的持续性、稳定性及工作记忆容量等。认知学习心理学研究表明，人的工作记忆容量是 7±2 个模块。[①] 信息在短时记忆中储存约 20 秒后消失。但是，短时记忆又是唯一对

①M.W.艾森克，M.T.基恩.认知心理学（第五版）[M].高定国，何凌南，译.上海：华东师范大学出版社，2009.

信息进行有意识加工的记忆阶段。如果加以注意，信息在短时记忆中的保持注意的时间一样长，可以远远超过 20 秒。①

二、基于教学方法的分类

教学方法是指教师和学生为了实现共同的教学目标，完成共同的教学任务，在教学过程中运用的方式与手段的总称。根据李秉德教授对我国中小学教学活动中常用的教学方法的分类总结，可将“微课”分为讲授类、问答类、启发类、讨论类、演示类、练习类、实验类、表演类、自主学习类、合作学习类、探究学习类这 11 类。②

从教师、学生、教材与环境三方面交互作用的角色，可将教学方法归结为提示型教学方法、共同解决问题型教学方法和自主型教学方法。③ 四种形式：在微视频课程的教学中，教师主要采用提示型教学方法，主要包括示范、呈示、展示、口述，这四种形式教学方法的内涵和应用范围均有所不同④，如表 2–7 所示。

表 2–7　课堂中提示型教学方法分类及适用描述

教学方法	内　涵	描述举例
示　范	示范是指教师向学生提供一定的活动、行动、态度，以供学生仿效的教学方法	教师示范如何阅读、如何运用原理、如何分析问题、如何把握考试、如何阐明关系、如何摘录文章、如何运用教科书等，为学生示范书写、绘画、演唱、体育动作等
口　述	口述是指通过语言提示课程内容的教学方法。此种教学方法所表达的内容包括：关于在特定时空背景下所发生的事件与现象的描述；关于各种理论性事实关系（逻辑推理关系）的叙述；主体的情绪情感和审美体验的表达	口述的形式包括报告、讲话、讲解、叙述等。（讲解行为是指教师以口头语言向学生呈现、说明知识，并使学生理解知识的行为。）从信息传播方向上看，讲解行为的传递具有单向性，它不要求学生有对应的互动行为

①黄希庭.心理学导论(第二版)[M].北京：人民教育出版社，2007.

②胡铁生.“微课”：区域教育信息资源发展的新趋势[J].电化教育研究.2011(10):61–65.

③佐藤正夫.教学论原理[M].钟启泉，译.北京：人民教育出版社.1996:246–272.

④参考张华.课程与教学论[M].上海：上海教育出版社.1998:214.

续表

教学方法	内　涵	描述举例
呈　现	呈现是指把一些仅靠语言描述和学生的想象难以把握的内容，借助各种静态的教学手段生动直观呈现的教学方法	利用如挂图、模型、标本、绘图等
展　示	展示是指通过把事物、现象的经过与过程直观地、动态地呈现出来而进行教学的方法	演示实验、看软件操作、听文学或音乐的录音带，再现事物、现象的经过与过程。现场参观，使学生实际观察正在进行之中的活的现象；展示与呈现不同，展示是动态的，是观察运动的事物，它要求学生集中注意力进行观察

以上的教学方法主要是基于课堂教学的，分类细致详尽，然而因过度详细，有交叉重叠的嫌疑。虽然其与微视频内容的教学有所不同，但是基于两者的共通之处，也可从中获得一定的启示和借鉴。

根据教学微视频的教学方法，将教学微视频分为口述讲授类微视频和操作示范类微视频。各类教学微视频都有其适用范围，具体如表 2–8 所示。

表 2–8　基于教学方法的教学微视频分类

<table>
<tr><th>方法的分类依据</th><th>教学微视频类型</th><th>特点描述</th><th>教学活动</th></tr>
<tr><td>以语言传递为主的方法</td><td>口述讲授类的微视频</td><td>通过语言提示课程内容，使学习者理解内容。内容传递的信息量大而快</td><td>描述客观事实、讲授或叙述事实、解释概念、阐述规律、讲解理论</td></tr>
<tr><td rowspan="4">以直接感知为主的方法</td><td rowspan="4">操作示范类的微视频</td><td rowspan="4">利用直观的教学方法展示课程内容，能把事物、现象的过程直观、动态地呈现出来，避免语言描述的抽象性。通常采用演示、表演、图解法等</td><td>语言示范模仿，如外语语音、语文朗诵、音乐唱法等示范</td></tr>
<tr><td>动作类示范模仿，如体育动作、表演动作等示范</td></tr>
<tr><td>书写示范模仿，如书法、符号公式、汉字结构等示范</td></tr>
<tr><td>操作性示范模仿，如实验操作、学习软件工具、程序操作等示范</td></tr>
</table>

尽管操作示范类微课程能够充分发挥视频传递直观知识这一优势，然而，在当前网络视频课程中的指导性和示范性视频并非是典型的教学视频，大部分教学视频仍以口述讲授类为主，通过故事叙述或案例的方式进行教学，或通过专家面向摄像头讲述、传递信息。

三、基于制作技术的分类

不同的制作技术使教学微视频的呈现形式也不同，设计要求和适用的知识类型不同，其常用的教学方法也有所不同。因此，根据教学微视频的制作技术，将视频呈现形式进行以下分类，如表 2-9 所示。

表 2-9　以制作技术为依据的教学微视频分类

教学微视频类型	资源描述	代表性资源
以摄像技术为主的微视频	主要通过摄像技术实录拍摄教学，后期编辑制作的微视频。这是传统视频课程常用的制作方式	以 Coursera 为代表的 MOOC 资源
以录屏软件为主的微视频	在讲学时利用录屏软件同步录制讲学内容	可汗学院资源
以 PPT、Flash 等资源格式为主的微视频	将已有的 PPT、Flash 等资源导出为视频格式	数字故事类资源

以摄像技术为主的微视频课程主要通过摄像技术实录、拍摄教学过程的视频课程，或者基于拍摄的视频进行后期编辑制作的视频课程，这是网络视频课程常用的方式。《国家精品课程建设工作实施办法》明确规定，精品课程必须提供不少于 50 分钟的现场教学录像。因此，当前大部分网络课程的视频课程是以现场摄像为主的资源，以摄像为主的视频也是当前主要的视频资源。其中拍摄类视频课程可分为演播室无现场互动和课堂有现场互动，它适用的教学方法较多，此类制作技术通常可用于口述讲授类课程、示范操作类课程。

以录屏软件制作为主的视频课程是通过录屏软件进行实录教学过程而制作的课程，其主要采用口述讲授法。

随着多媒体技术的发展，资源间的互操作和兼容性明显提高，各类型多媒体教学资源可转化为视频的格式，以促进其在教学中的易用性和便捷性。例如，当前基于 Flash 制作的视频资源、基于 PPT 制作的视频资源等。在此类课程中，教师一般不直接出现在屏幕上，而是通过能说明教学内容的图像、景物、字幕、动画、特技、解说、音响、音乐等有机地结合起来，充分发挥多媒体的手段，展示教学内容。

目前，在教育教学领域研究和使用的教学微视频主要是通过以摄像技术和录屏软件技术为主的开发模式。其中，随着手机智能化程度越来越高且得以广泛应用，当前不乏一些一线教师直接使用个人手机进行微视频资源的制作。因此，以摄像技术为主的模式主要包括基于摄像机拍摄为主的模式和基于数码手机拍摄的模式；基于录屏软件为主的模式主要有基于 PPT 资源进行录制的模式和基于手写板进行录制的模式（以可汗学院为代表）。为便于微视频开发人员对制作方法的了解及根据客观条件选择最合适的制作方法，下面将对以上各类教学微视频开发模式的优缺点及制作方法和过程进行比较，如表 2-10 所示。

表 2-10　各类制作模式比较

制作模式		所需设备	优点	缺点	制作方法与过程
以摄像技术为主的模式	基于摄像机拍摄为主的模式	主要是摄像机、教学演示工具（如计算机、黑板、白板等）、或录播系统	①视频画面质量好 ②资源的制作相对正规，更适合网络传播 ③制作系统可进行多样化的后期处理 ④制作技术成熟、稳定	①制作条件偏高，需要专门的制作团队 ②制作设备及环境要求高 ③制作成本高	方法：对教学过程摄像 过程： ①针对微视频主题，进行详细的教学设计，形成教案 ②利用摄像机将教学整个过程拍摄下来 ③对视频进行后期制作，可以进行必要的编辑和美化
	基于数码手机拍摄的模式	进行视频摄像的手机、一打白纸、几只不同颜色的笔、相关主题的教案	①制作的硬件环境要求低 ②技术操作的门槛低 ③资源制作便捷、易得 ④讲解过程灵活 ⑤教师可以独自完成	①视频画面的质量较差 ②适用的知识内容/范围有限	方法：使用便携摄像工具对纸笔结合演算、书写的教学过程进行录制 过程： ①针对微视频主题，进行详细的教学设计，形成教案 ②用笔在白纸上展现出教学过程，可以画图、书写、标记等行为，在他人的帮助下，用手机将教学过程拍摄下来。尽量保证语音清晰、画面稳定、演算过程逻辑性强，解答或教授过程明了易懂 ③可以进行必要的编辑和美化

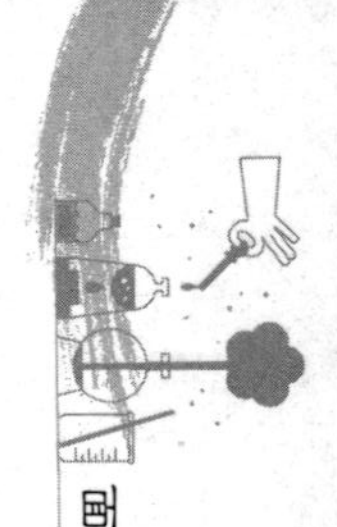

续表

制作模式		所需设备	优点	缺点	制作方法与过程
基于录屏软件为主的模式	基于PPT资源进行录制的模式	计算机、耳麦（附带话筒）、视频录像软件（如Camtasia Studio、snagit、CyberLink YouCam），PPT软件	①资源的录制灵活、方便，教师可自行选择时间和地点录制 ②录制成本低 ③对录制系统的要求低	①画面像素较低 ②声音质量较差	方法：对ppt演示进行屏幕录制，辅以录音和字幕 过程： ①针对所选定的教学主题，搜集教学材料和媒体素材，制作PPT课件 ②在电脑屏幕上同时打开视频录像软件和教学PPT，执教者带好耳麦，调整好话筒的位置和音量，并调整好PPT界面和录屏界面的位置后，单击“录制桌面”按钮，开始录制，执教者一边演示一边讲解，可以配合标记工具或其他多媒体软件或素材，尽量使教学过程生动有趣 ③对录制完成后的教学视频进行必要的处理和美化
	基于手写板进行录制的模式（以可汗学院为代表	屏幕录像软件（如Camtasia Studio、snagit或Cyber Link You Cam等）、手写板、麦克风、画图工具（如Windows自带绘图工具）	①讲解过程的教学手段和方法较为灵活，可以即时书写讲解内容 ②对硬件要求较低 ③教师可自行录制 ④制作成本较低、发布方式广	①相对于PPT录制，操作稍微复杂； ②适用的知识内容或范围有限	方法：通过手写板和画图工具对教学过程进行讲解演示，并使用屏幕录像软件录制。 过程： ①针对微视频主题，进行详细的教学设计，形成教案 ②安装手写板、麦克风等工具，使用手写板和绘图工具，对教学过程进行演示 ③通过屏幕录像软件录制教学过程并配音 ④可以进行必要的编辑和美化

鉴于录屏软件是教学微视频制作过程中的重要软件，下面将对当前较常见的录屏软件作简要的介绍和比较。如表 2–11 所示。

表 2–11 代表性录制软件比较

软件/系统	功 能	特 色
Camtasia studio	屏幕操作的录制和配音、视频的剪辑和过场动画、添加说明字幕和水印、制作视频封面和菜单、视频压缩和播放	①录制 PPT 功能 ②输出多种格式（如 MP4、flv、wmv、mov、m4v、mp3 等）
WebEx Recorder	屏幕操作的录制和配音	①性能出众：生成的文件体积极小且极清晰，录制过程占用资源很少 ②软件小，稳定
屏幕录像专家	长时间录像、定时录像、后期编辑功能	①输出多种格式（如 exe、flv、avi 等） ②后期配音可以声音导入 ③录制目标自由选取 ④用支持 EXE 录像播放加密和编辑加密

值得注意的是，尽管以上对教学微视频的制作模式大致决定着教学微视频的呈现形态，对教学微视频的制作模式进行了分类和比较，但由于视频是可以进行后期编辑的，三种制作模式是可以相互补充、交叉运用的，教学微视频开发者需要根据教学内容的需要，进行合理选择和运用。

四、基于使用范畴的分类

资源的使用范畴是指教学微视频的应用目的。因此，根据资源使用范畴，可将教学微视频课程分为教辅性微视频和课程学习类微视频。

教辅性微视频课程主要是指为课程教学提供的辅助性作用的视频资源，是情境导入、知识理解等重要资源。其形式可以是故事案例、微世界模拟演示、技能操作等。此类资源适用于①学习者课程学习的支架性资源，可促进学生跨越“最近发展区”，实现意义建构。例如，当前备受关注的“翻转课堂”教学模式研究中，教学微视频可作为课堂外学习自主学习的主要资源，

是课程学习的重要支架资源。②教师专业发展的课堂教学案例性资源，可通过案例观摩、评议、借鉴、反思等，促进教师的专业发展。例如，2004年全国中小学教师继续教育上海研究中心与苏州大学数学科学学院合作成立的我国第一个课堂教学视频案例实验室提供了大量的优秀课堂教学视频案例，并组织展评，进行大规模的培训活动。[①]

课程学习类微视频是指为网络教学提供的视频资源，是基于网络自主学习的主要学习资源，是网络学习环境的主要要素，其载体是网络平台和移动学习智能终端。

五、基于多维度整合的分类框架

根据教学微视频的制作技术和教学方法的分类维度及制作场景等，提出教学微视频的多维度分类框架，从而得出相应教学微视频的呈现形式，如表2–12所示。其中，以语言传递为主的“讲授式”主要是传统的讲授知识内容；“采访式”主要是采访或访谈式讲述、回答问题的场景模式；“解说式”主要是对教学内容、实物的介绍、场景模式的解释。

表2–12　教学微视频基于多维度整合的分类框架

制作技术		以语言传递为主			以直接感知为主的方法	
		讲授式	采访式	解说式	演　示	示　范
以摄像技术为主的	户外场景					
	户内讲堂					
以录屏技术为主的	有主讲人出现					
	无主讲人出现					
以PPT、Flash等转格式为主的						

①鲍建生，王洁，顾冷沅.聚焦课堂：课堂教学视频案例的研究与制作[M].2005:295.

第四节　教学微视频属性特征及相关分析

鉴于当前纷杂的教学微视频类型，下面将利用内容分析法从当前国内外代表性微视频课程网站中对教学微视频进行抽样，对时长、知识内容性质、教学方法、呈现形式等属性、特点及其相关内容进行分析。

一、研究设计

1.样本资源概述与选取

根据受欢迎程度、资源规模，本研究从教育领域中的微视频课程网站中选取 Khan Academy（可汗学院）、Coursera 开放课程和国家开放大学五分钟课程作为分析样本。

可汗学院是以教学微视频为主要免费提供教学资源的教育团体机构，其内容涵盖数学、科学、金融经济、人文等学科领域（详细介绍见本章第二节）。Coursera 是 MOOC (Massive Open Online Courses) 资源之一，免费为学习者提供世界各名校的在线课程（详细介绍见本章第二节）。国家开放大学五分钟课程网（以下简称“5minC”）于 2013 年 7 月 3 日正式开通，时长 5~10 分钟、以视频为主、可直接接入智能手机与平板电脑，涉及“诗例的评赏”“经穴按摩”“西方经济学”等系列的微课，内容涵盖生活休闲、文学艺术、历史文化、语言文字、经济管理、教育体育、科学技术、农林牧渔、政治法律、哲学社科十个大门类，可以满足不同人群的个性化需求。

2.研究方法

本研究主要采用内容分析法。内容分析是指直接对单个样本作技术性处理，将其内容分解为若干分析单元，评判单元内所表现的事实，并作出定量的统计描述。特征分析（也可称作“意向分析”）是内容分析的重要应用模式，即通过对某一对象在不同问题或不同场合上所显示出来的内容资料进行分析，把这些不同样本的量化结果加以比较，找出其中稳定的、突出的因素，用以判断这一对象的特征。[①] 本研究旨在通过观看教学微视频样本，分析教学微视频属性特征及各属性之间的相关性。

由于三个微视频课程网站的教学微视频数量较大，较难对所有教学微视频逐一编码，于是先对各类资源的门类编码，再从各门类资源中随机抽样。最终抽取了 108 个教学微视频，其中可汗学院 36 个，Coursera12 个，5minC60 个。

知识点类型是重要且难以界定的分析维度，为确保数据的有效性，对教学微视频知识内容归类后进行了信度分析。笔者作为第一评判员，团队另一研究者作为第二评判员。内容分析的信度公式如式（2–1）所示：

$$R=\frac{n\times K}{1+(n-1)\times K} \qquad \text{式（2–1）}$$

其中 R 为信度，n 为评判员人数，K 为平均相互同意度，且 $K=\frac{2M}{N_1+N_2}$，M 为两人均同意的分析类目数，N_1 为第一评判员分析的案例数，N_2 为第二评判员分析的案例数。

两位评判员均分析视频 108 个，其中同意的分析类目数为 90，因此可得出知识点类型的信度结果 R 为 0.9107。如果信度分析的数值大于 0.90，则可以把主评判员的评判结果作为内容分析的结果。[②] 可见，本研究中知识点类型的数据客观性较强，分析研究具有足够的可信度。对于数据的统计采用了工具 SPSS 16.0 和 Microsoft Excel 2007。

二、研究结果与分析

1.教学微视频时长特征分析

（1）当前教学微视频的时长分布

在所抽样的 108 个教学微视频样本中，时长在 0~5 分钟的占 20.37%，5~10 分钟的占 43.52%，10~15 分钟的占 25%，15~20 分钟的占 7.41%，20 分钟以上的占 3.7%，如图 2–5 所示。可见，当前大多数教学微视频设计者将时长控制在 15 分钟以内，主要是在 5~10 分钟。

---

①李克东.教育技术研究方法[M].北京:北京师范大学出版社,2003.

②李克东.教育技术研究方法[M].北京:北京师范大学出版社,2003.

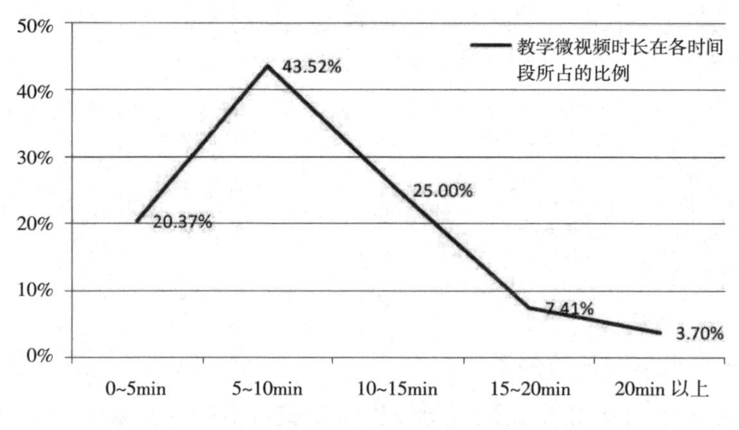

图 2-5　教学微视频时长在各时间段所占的比例

(2) 学科门类与时长的相关性

为了解学科对视频时长是否有倾向性影响，将各教学微视频归到学科门类进行分析。通过对不同学科门类时长的单因素方差分析，结果得出 *P* 值为 0.163，大于 0.05，总体差异不显著，即当前教学微视频时长与学科之间的关系并不显著。如表 2-13 所示。

表 2-13　学科门类与时长的方差分析

时长								
	N	Mean	Std. Deviation	Std. Error	95% Confidence Interval for Mean		Minimum	Maximum
					Lower Bound	Upper Bound		
法学	6	9.0267	6.64844	2.71421	2.0496	16.0038	2.54	21.17
工学	6	10.6867	4.03210	1.64610	6.4552	14.9181	7.12	17.18
管理学	7	6.5957	4.04939	1.53053	2.8507	10.3408	2.43	13.07
教育学	7	5.9029	3.07948	1.16393	3.0548	8.7509	2.00	11.21
经济学	13	7.7715	5.26228	1.45949	4.5916	10.9515	4.05	23.25
理学	40	8.8612	4.32705	.68417	7.4774	10.2451	2.26	23.25
历史学	7	13.5057	4.24518	1.60453	9.5796	17.4319	7.30	18.27
农学	3	10.9667	6.55099	3.78221	–5.3069	27.2402	4.26	17.35
文学	5	10.4760	6.09293	2.72484	2.9106	18.0414	6.00	18.00
医学	12	9.6325	4.32157	1.24753	6.8867	12.3783	2.25	14.14
艺术	1	14.4800	.	.	.	.	14.48	14.48
哲学	1	9.2300	.	.	.	.	9.23	9.23
Total	108	9.0775	4.74775	.45685	8.1718	9.9832	2.00	23.25

ANOVA

时长					
	Sum of Squares	df	Mean Square	F	Sig.
Between Groups Within Groups Total	343.914 2067.984 2411.898	11 96 107	31.265 21.542	1.451	.163

2.知识类型与时长的关系

本研究采用 Merrill 的知识分类，即将知识分为概念、事实、程序和原理。为了更好地依据教学微视频知识内容进行相对合理的设计，下面将从知识内容性质的维度进行统计分析。如图 2-6 所示，59.38%概念性知识时长为 5~10 分钟，36.67%的程序性知识时长在 10~15 分钟。由此可见，不同的知识类型对时长具有不同的倾向。

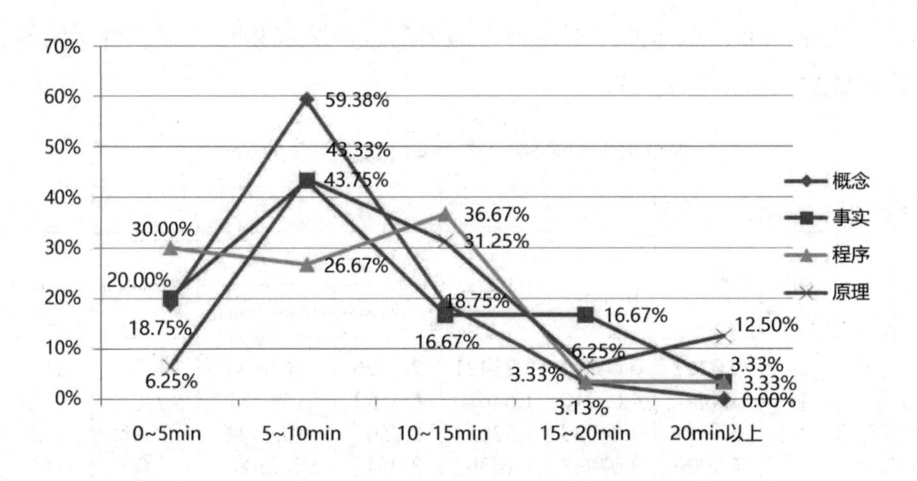

图 2- 6　不同知识类型微视频时长在各时间所占比例

3.媒体呈现形式与知识类型之间的关系

根据媒体呈现形式的统计分析，发现媒体呈现形式与知识类型有一定的相关性。媒体呈现形式与知识类型交叉列联表显示，不同的媒体呈现形式所对应的知识类型呈现次数及频率，如表 2-14 所示。

表 2-14　媒体呈现形式与知识类型交叉列联表

媒体呈现形式		知识类型							
		概念		事实		程序		原理	
		Count	Row N %	Count	Row N %	Count	Row N %	Count	Row N %
媒体呈现形式	拍摄	6	11.8%	21	41.2%	17	33.3%	7	13.7%
	录屏	15	32.6%	7	15.2%	18	39.13%	6	13.0%
	转格式	3	27.3%	2	18.2%	3	27.3%	3	27.3%

4.教学微视频开始后 10 秒和结束前 10 秒的教学活动分析

心理学“首因—近因”效应显示，学习者在对最早出现的刺激记忆效果最好，其次是最后出现的刺激。① 因此，为吸引学习者注意力以完成教学微视频的学习，在教学微视频的开始时刻和结束时刻的活动设计是非常关键的。认知心理学上认为人的短时记忆容量是 7±2 个模块②，关于学习者短时注意力时间的说法却未明确统一。Harald Weinreich 通过大量实验发现不同人群利用不同媒体在不同年代，注意力时长是不同的。观看视频的注意力平均时长是 2.7 分钟，2000 年人的平均注意力时长为 12 秒，2012 年是 8 秒。③ 在线视频广告服务商 TubeMogul 公司从 6 个共享网站中选取了 188 055 个视频进行了调查，结果显示 50%观众看视频的时长不超过 60 秒。④ 基于教学微视频的时长特点，下面将视频开始后 10 秒和结束前 10 秒的教学活动作为吸引学习者注意力的教学活动分析单元。

为分析教学微视频开始后 10 秒和结束前 10 秒这段时间的教学活动，首先对此时间段教师的教学行为活动进行了描述性记录，通过梳理分析，对主

①张家华.网络学习的信息加工模型及其应用研究[D].重庆：西南大学，2010.

②M.W.艾森克，M.T.基恩.认知心理学（第五版）[M].高定国，何凌南，等，译.上海：华东师范大学出版社，2010.

③Harald Weinreich，Hartmut Obendorf，Eelco Herder，et al. Not Quite the Average: An Empirical Study of Web Use[J].ACM Transactions on the Web，2008(2)：1.

④TubeMogul.Online Video Viewers Have Short Attention Span[EB/OL].http://isvfocus.com/keep-videos-short-half-visitors-gone-in-60-seconds/.2008-12-1.

要教学活动的关键词进行编码和统计分析。

（1）对教学微视频开始后的10秒分析

在视频开始的前10秒，有55个视频进行教学导入活动。通过分析发现导入活动中常有：总体介绍教学目标和内容、利用问题导入教学内容、通过故事导入、通过案例导入。经统计，有60.66%使用总体介绍内容，如图2-7所示。22.95%使用提问的方式，其中既有劣构问题，也有自问自答的良构问题。

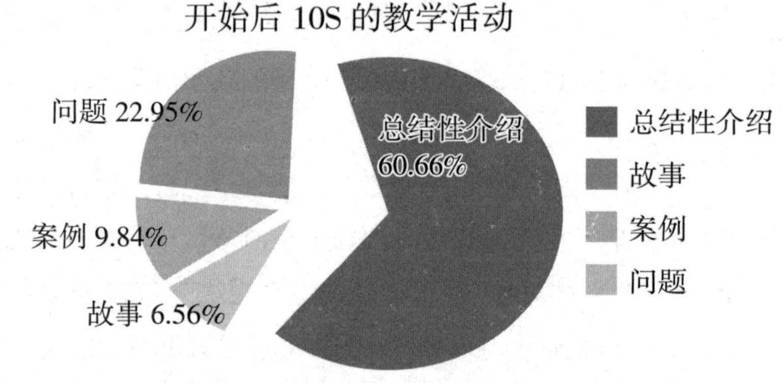

图2-7　教学微视频开始后的10秒各教学活动所占比例

（2）对教学微视频结束前的10秒分析

在教学微视频结束的前10秒，有19个视频进行教学总结活动。其中47.62%采用提问的方式，33.33%采用内容总结的方式，如图2-8所示

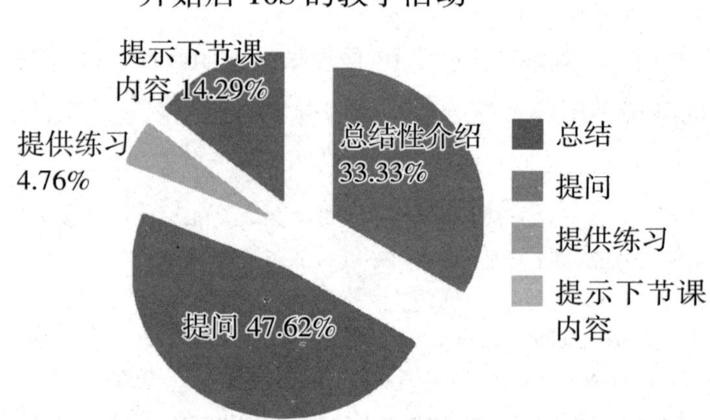

图2-8　教学微视频结束前的10秒各教学活动所占比例

5.教学过程的顺序结构特点

通过对教学微视频开始后和结束前 10 秒划分，将教学微视频的教学过程结构分为“三段式”，即导入、内容展开、总结，将其分别编码简称作总、分、总。教学过程结构分为四类：总–分–总、分–总、分、总–分。通过统计分析，发现教学微视频教学过程顺序的结构特点如图 2–9 所示。49.07%的教学微视频直接展开教学，28.7%的教学微视频先导入知识点再具体展开教学，13.89%的教学微视频先导入知识点，再具体展开教学，最后进行总结归纳。8.33%的教学微视频直接展开教学内容再总结归纳。在对直接展开教学的视频进行深入分析后，发现有 56.2%的教学微视频是通过截取传统长视频获取的。

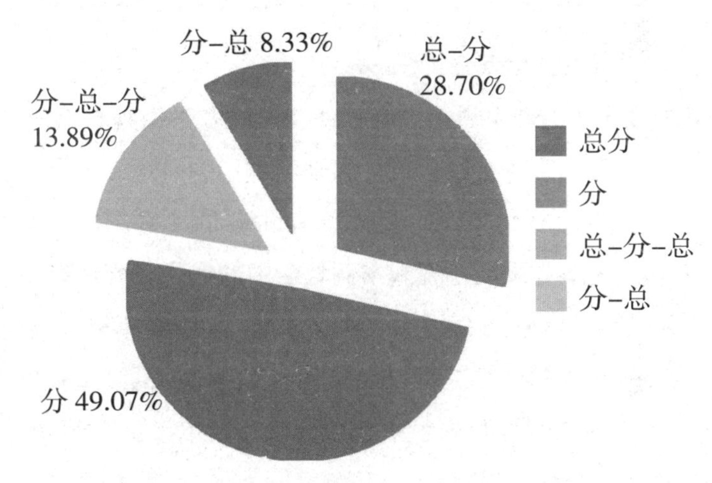

图 2–9　教学过程的顺序结构特点

6.音乐在教学微视频中应用倾向

为了提高教学微视频视听效果，提高学习者学习兴趣，视频讲解过程中的配乐也成为关注点之一。108 个教学微视频中有 20 个视频是配有音乐，具体所分布的门类也是有倾向的，仅分布在生活休闲、经济管理、农林牧渔、语言文学、文学艺术方面。其中经济管理和生活休闲类分别占 40%和 35%，如图 2–10 所示。值得注意的是，经济管理类的教学微视频是由 PPT、Flash 转格式而制作的，60%是技能演示类知识。

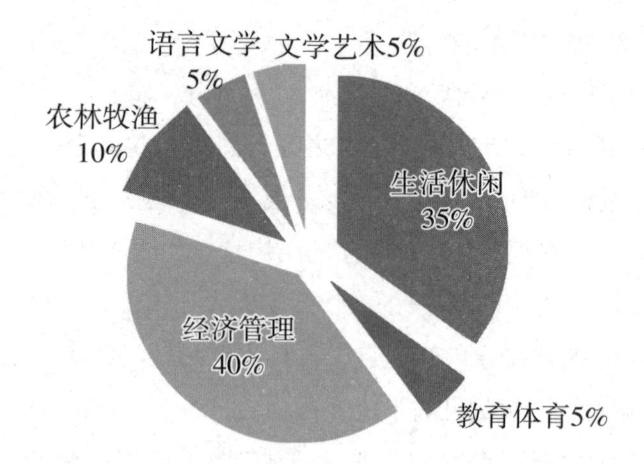

图 2-10　音乐在微视频中的应用领域分布

7.视频画面表征特点分析

在对可汗学院 60 个通过录屏软件制作的教学微视频页面特点分析时，发现其显著特点是内容的可视化表征和画面色彩的对比、平衡。

可汗课程的可视化表征主要是指 Salman 的“画图式语言”，即通过即时画图的方式讲述事物发展过程和案例教学中的实物或剧情等。

画面色彩的对比与平衡主要是指 Salman 善于使用触笔的色彩凸显出知识内容，色彩的选取能很好说明和区分概念及内容。Salman 的视频底色是纯黑，经统计显示，约 85%课程内容中使用金色和紫色触笔，约 75%课程内容的使用白色，其次是红色、蓝色。

三、研究总结

通过对抽样的三类教学微视频进行统计分析，总结教学微视频属性特征及相关显著特征如下。

①学科门类对教学微视频时长没有显著的直接影响，视频时长并未因学科门类不同而有显著差异，它是与知识点粒度和知识容量是相关的。当前人们并未根据学科的不同特点而在视频时长的设计上有所差别。

②当前教学微视频时长主要为 5~10 分钟（占 43.52%），其次是 10~15 分钟（占 25%）、0~5 分钟（占 20.37%）。其中约 60%的概念性知识点时长在 5~10 分钟。

③知识内容性质对制作方式和讲授方法有一定的影响。实践技能类内容主要采用操作演示法、利用摄像机录拍教学过程，如生活休闲类知识。事实类、概念类知识的视频倾向于采用以语言传递为主的讲授法。

④由于教学微视频时长有限，因此常通过整体介绍知识内容和目标(60.66%) 来进行教学导入，其次也通过案例、问题和故事等方式进行导入。在教学结束时通过总结知识内容加强学习者回忆，促进学习者的知识连接。

⑤当前部分教学微视频是对传统长视频的截取而获得。在重新制作的教学微视频中常有导入和总结归纳的活动。

⑥当前教学微视频几乎是单向型的、“教师”（教学微视频）与学习者之间几乎毫无互动的教学，大部分均是教师直述式传递知识，并未利用视频技术来设计学习者与视频之间的互动活动。

⑦配乐常被生活休闲类微视频课程所常采用。例如，在操作演示技能类课程中，常加以配乐调节学习氛围。

第三章　微视频课程的内容设计框架

为更好地发挥微视频课程在碎片化时代的应用价值以满足学习者的学习需求，如何设计微视频课程的内容成为微视频课程研究的重要内容。下面将探讨微视频课程内容设计的理论基础，分析微视频课程的内容设计理念与原则，提出微视频课程的内容设计框架。

第一节　设计的理论基础

微视频课程作为时代发展的新课程形态，其内容的设计需要考虑学习者的学习认知特点、学习动机、学习方式等要素，因此，设计的理论基础是工作记忆理论与注意、认知负荷理论、学习动机理论和程序教学/小步调教学理论。下面将阐述各种理论的主要观点及理论是如何指导内容设计的。

一、工作记忆理论与注意

英国心理学家艾伦·巴德利（Alan David Baddeley）和格雷厄姆·希奇（Graham Hitch）在1974年模拟短时记忆障碍的实验基础上，用工作记忆替代了短时贮存这一概念，提出了工作记忆模型。工作记忆一般是指对如理解、学习和推理之类的复杂任务所需的信息进行短时存储和操作的一个容量有限系统。[①] 他们当时提出的工作记忆模型是由三个部分组成，分别是类似于注意的中枢执行系统（central executive system）、语音形式保持信息的语音环

①BADDELEY A D.Is working memory still working［J］.American Psychologist,2011(11):851-864.

(phonological loop)、专门进行视觉和空间编码的视空图像处理器 (visuo-spatial sketchpad)。2001 年，他们对此模型进行了修订，在原有模型基础上增加了保持和整合各种信息的情节缓冲器 (episodic buffer)。他们认为工作记忆系统由中枢执行系统、语音环、时空图像处理器、情境缓冲器构成。中枢执行系统、语音环、时空图像处理器三个成分均是容量有限的。

其中，中央执行器是工作记忆的关键内容，它与注意类似，是容量有限的且能处理任何需要认知参与的任务。[①] 它类似于一个资源有限的注意控制系统，具有控制和监督功能，负责其他子系统之间及它们与长时记忆的联系，同时进行注意资源的协调和策略的选择与计划。[②] 语音环和视觉空间处理器则被看作是工作记忆的两个子系统，分别对应言语工作记忆和视觉工作记忆。情节缓冲器是可以保持和整合来自语音环、时空图像处理器和尝试记忆信息的临时贮存系统。

鉴于中枢执行系统的重要作用，研究者们一直试图确定中枢执行系统的主要功能，其中与注意相关的功能有选择性地注意某些刺激而忽视其他刺激、在不同任务之间转换注意、选择性注意和抑制等。

因此，根据工作记忆模型，微视频课程的内容设计应该注意：①尽量使资源具有视听类、可视化、图解化的语言。通过多通道的信息呈现，使学习者利用视听两种工作记忆系统，扩展工作记忆容量。②提供适量信息内容。工作记忆是一个容量有限的系统，其注意容量也是有限的。当外界的刺激过多，需要加工的信息过多，学习者就会选择性地注意某些刺激而忽视其他刺激，使得注意力易于发生转移。

二、认知负荷理论

认知负荷理论是澳大利亚新南威尔士大学的认知心理学家约翰·斯威勒 (John Sweller) 于 1988 年首先提出来的。它主要从认知资源分配的角度考察

①艾森克，基恩.认知心理学[M].高定国，何凌南，等，译.5 版.上海：华东师范大学出版社，2010.

②张家华.网络学习的信息加工模型及其应用研究[D].重庆：西南大学，2010.

人类的学习和问题解决，它以资源有限理论和图式理论为基础。资源有限理论认为人的认知资源是有限的，如果加工信息所需的认知资源超过个体的认知资源，那么就会造成个体的认知负载。图式理论认为知识是以图式的形式存储在长时记忆中，个体在学习新知识时，已存储的图示可以根据具体情境进行快速、正确、自动归类，降低个体的认知负荷。

按认知负荷的不同来源，可以把认知负荷分为内在认知负荷（intrinsic cognitive load）、外在认知负荷（extraneous cognitive load）和相关认知负荷（germane cognitive load）这三类。内在认知负荷是由学习材料的性质引起的，当学习材料具有高元素交互性而学习者又未充分掌握适宜的图式时，就会出现高内在的认知负荷。外在认知负荷是由学习材料的设计引起的，如学习者学习不良设计呈现的材料时要付出更多的努力，从而加重其工作记忆的负担。相关认知负荷是指学习者在图式建构和自动化过程中意欲投入的认知资源的数量，它有利于图式的获得和规则的自动化，实现学生认知结构的优化，把大量复杂无序的信息组合成简单有序的知识体系，能够有效降低工作记忆的认知负荷，从而节省有限的工作记忆资源。①

鉴于认知负荷受影响的原因及认知负荷对学习者学习的直接影响，在设计微视频课程内容时应注意：①注重微视频知识内容呈现的设计。有效、合理地呈现知识内容，可以避免加重学习者的工作记忆负担，减少学习者的外在认知负荷。②在注重每个微视频内容设计的同时，应该注重微视频之间关联设计，以促进学习者图式的建构。碎片化学习时空下学习微视频资源获得的是碎片化知识。因此，可以通过设计知识碎片间的关联性，使碎片化知识有序地植入个人认知结构，降低工作记忆的认知负荷，节省工作记忆资源。

三、学习动机理论

动机（motive）是指引起个体活动、维持该活动并引导该活动朝向某一目

---

①John Sweller.Implications of Cognitive Load Theory for Multimedia Learning.In Mayer R E.(Ed.).The Cambridge Handbook of Multimedia Learning [M].New York:Cambridge University Press,2005:19-30.

标进行的内在过程。动机产生主要有两个原因：一是需要（need），另一个是刺激（simulation）。[①] 心理学家在描述动机特征时主要涉及始动性、导向性、强度、维持性四个方面的内容。[②] 学习动机是指直接推动学生进行学习的一种动力，是激励和指引学生进行学习的一种需要。

美国认知教育心理学家戴维·保罗·奥苏贝尔（David Pawl Ausubel）从影响学业成就的角度将学习动机分为认知内驱力、自我提高内驱力与附属内驱力三种。认知内驱力是指在知识的理解和获得的需要基础上产生的动机；自我提高内驱力是指通过胜任某些获得尊敬的需要基础上产生的动机；附属内驱力又称作交际内驱力，是指需要他人赞许和认可而产生的动机，如为了获得教师、父母、同学的称赞等。前者属内部动机，后两者属外部动机。苏联心理学家斯米尔诺夫把学习动机分为了两类：一类是与学习活动本身的内容及完成的过程密切联系的（如求知需要，认知兴趣等）、直接的或狭义的学习动机；另一类是与社会要求相联系的间接的学习动机。把学习动机分为外部动机、社会动机、成就动机和内部动机四类。[③]

总体来说，学习动机的产生和作用受着内驱力和诱因的影响。内驱力是在需要的基础上产生的自我内在推动力，诱因是满足需要的外在刺激物。人的学习动机是由内因和外因、内在主观需要和外在客观事物所共同制约和决定的。

因此，为提高微视频课程应用价值和促进学习者更加有效地利用教学微视频，设计教学微视频时需要充分考虑学习者各种学习动机。学习动机理论对微视频课程的内容设计具有以下影响：①分析学习者学习教学微视频的内驱力，即了解学习者对基于教学微视频学习的需求和愿景、学习者的学习特征和认知风格；②如何提供有效外部刺激，使学习者能够充分利用教学微视频。例如，各种保持注意力持续性、注意力广度的策略，知识内容的有效表

---

①刘名卓.网络课程的可用性研究[D].上海:华东师范大学,2010.

②郭德俊.动机心理学:理论与实践[M].北京:人民教育出版社,005.

③郭德俊.动机心理学:理论与实践[M].北京:人民教育出版社,2005.

征，各类激励措施等。

四、程序教学和小步调教学理论

程序教学是美国现代心理学家普莱西（S.L Pressey）和斯金纳（B.F. Skinner）创造的一种教学方法。它是以控制论为基本观点对教学过程进行分析和控制的方法。教师根据课程的内在结构，将课程按一定的逻辑顺序分成一系列步骤和问题，组成最合理的学习程序。学习者按教师提供的、按照一定逻辑编写的专门教材进行学习，根据个人知识水平、认知风格和学习能力，调整自我学习步调。程序教学是一种小步调学习，它是运用强化原则帮助学生有效地学习。一个成功的程序教学通常包含以下要素：①小步子的逻辑序列；②呈现积极反应；③信息的及时反馈；④自定学习步调；⑤减少错误率。

教学微视频的学习并不是完全与程序教学的内容一致，但两者强调小步调教学的理念是相同的。将复杂任务分解成一系列的小步骤和问题，通过自我调控学习步调，逐步完成学习目标。小步调学习内容和学习策略可以满足学习者碎片化学习的需求，它对微视频课程的内容设计起到以下指导作用：①根据微视频课程的内容性质，可以将微视频课程的内容按照一定顺序分解成多个学习内容。通过分解简化学习任务，使学习者根据自我学习风格实现便捷有效的自步调学习；②教学微视频中可以嵌入即时小测评促进学习者学习互动。此类小测评既能使教师了解学习者的学习效果，又能使学习者得到及时的学习反馈。另外，通过此种即时的互动可作为一种学习刺激，吸引学习者的注意力，弥补基于视频资源学习的弊端。

第二节　研究视域与设计理念

一、生态观下的研究视域

微视频课程的使用主体、应用目的及应用环境构成微视频课程学习环境系统，如图 3-1 所示。主体是指微视频课程的制作者和使用者；应用目的主要是指使用者利用微视频课程的意图或期望达到的目标；应用环境主要是指应用终端和应用时间、空间。从生态学视角建设学习资源需要遵循四个原

则，其中包括学习内容设计的生态适应原则、传送的多样性与主导性相结合原则。① 因此，微视频课程的内容设计需要考虑使用主体、应用目的、应用终端与时空之间的和谐适应。

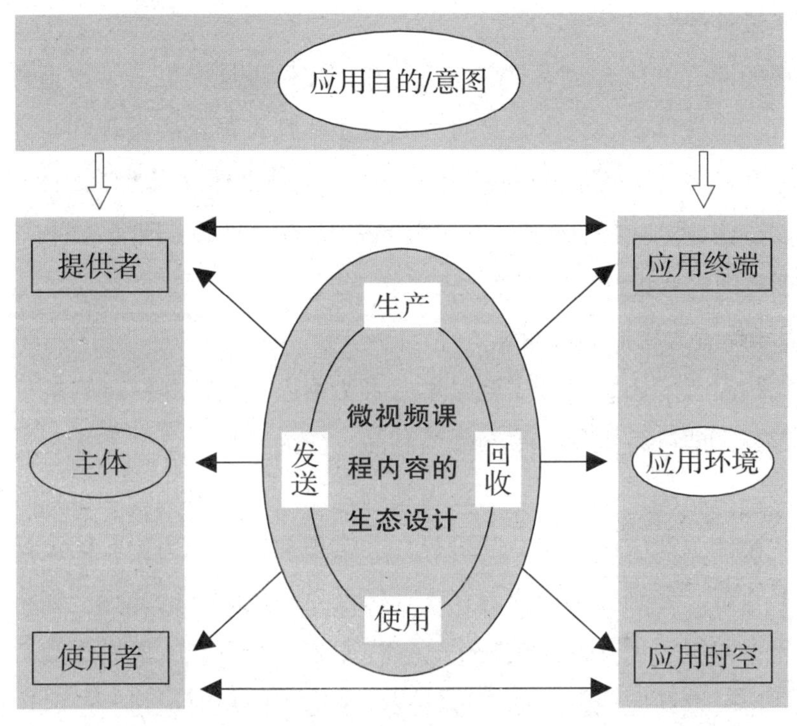

图 3–1　微视频课程学习环境系统

不同的使用者、应用目的、应用终端和应用时空构成了资源设计和选择的生态环境，即不同使用者基于不同微视频课程应用目的或意图，在不同的终端和学习时空，对课程内容的需求是不同的。例如，成人学习者较为倾向利用业余碎片化时间学习，更关注与生活经验与技能直接相关的内容；中小学学习者倾向于与考试内容直接相关或是符合个人兴趣方法的内容。基于不同类型学习终端（如 PC 平台、Tablet、智能手机），课程的内容设计要求也会有所区别。例如，教学微视频中字体大小、页面布局、视频格式、时间长度等。

①曾祥跃.网络远程教育生态学[M].广州：中山大学出版社，2011：157.

本研究中微视频课程的内容设计主要面向正规教育范畴下的成人学习者，在进行设计策略研究时并未将移动终端所带来的区别作为研究重点，基本忽略不同学习终端的设计差别。

二、设计理念

微视频课程的内容设计是理性设计和创造性设计的融合，也是科学和艺术的融合。理性体现在教学设计过程的可预测性，强调遵循规则与程序的重要性，并将教学设计描述为一种技术过程。[①] 创造性体现在教学设计过程的艺术性、创造性，对独特、复杂、变化情境的依赖性。基于理性和创造性设计，微视频课程的内容设计理念如下。

1.以学习者为中心的产品观

微视频课程的内容设计需要以学习者为中心。设计是一种目标导向的制品创建行为，即可将教学微视频作为制品。作为一种产品，其设计需要以用户为中心，即以用户的需求和利益为基础，以产品的易用性和可理解性为侧重点。在设计中，应注重产品的可视性。诺曼在以用户为中心的设计中，提出了 7 个原则，分别是①应用储存于外部世界和头脑中的知识。如将需要的知识内化，即把知识存储在头脑中，操作起来就会更快、效率更高。②简化任务的结构。设计应注意人的心理特征，考虑人的短时记忆、长时记忆和注意力的局限性。③注重可视性，消除执行阶段和评估阶段的鸿沟。④建立正确的匹配关系。⑤利用自然和人为的限制性因素。⑥考虑可能出现的人为差错。⑦最后进行标准化。把操作步骤、操作结果、产品的外观和显示方式标准化。[②]

微视频作为教学产品，其设计需要考虑学习者的心理特征、短时记忆、长时记忆和注意力的局限性，同时注重可视性。通过意义表征的知识内容与视频相融合，使学习者更容易接受、理解和内化知识内容。

---

①赖格卢斯.教学设计的理论与模型：教学理论的新范式(第 2 卷)[M].裴新宁，郑太年，赵健，主译.北京：教育科学出版社，2011，523.

②诺曼.设计心理学[M].梅琼，译.北京：中信出版社，2010：23–247.

2.微观设计

微视频课程并非是传统视频课程切片化后的组合，每个教学微视频的“微”也并非仅是体现在时长变短，时长是其与传统视频课程的显性不同之处，两者最根本最重要的不同之处在于设计方法的不同。

微观（micro）、中观（meso）、宏观（macro）早已成为描述教学产品和教学设计的视角。在设计教学技术产品时，微观视角的设计指向产品本身，宏观层面的设计则考虑产品在更大情境中的影响和应用。①宏观、中观、微观的设计使得教育产品设计的粒度逐渐递减。传统的教学设计模型致力于开发大单元的教学。②作为新型课程形态，微视频课程的内容设计是基于微观的教学设计。

微观设计（micro-level design）主要是指设计和制作小单元的教学，用于制作小的多媒体教学产品内容，如微讲座（micro lecture）、Podcast 和互动模拟等。③ 它的内容设计是基于组块（chunk）的理念，将相关信息组成知识模块。模块内容大小与信息的复杂度直接相关。④ 事实上，微观层面的设计理念早已用于描述教学序列过程的设计，如包含个体技能和信息片段等，其涉及的微观策略有记忆策略、注意力集中的策略、表征形式、举例、实践、反馈等。［Reigeluth C.M.&Curtis，R.V..Learning situations and instructional models. Instructional technology foundations.Mahwah，NJ:Lawrence Erlbaum Associates，1987，175-206.］从大单元的教学设计转向小粒设计（small-scale design）的

① Betty. Collis.Information technologies for education and training .In .H.Adelsberger,B. Collis&J.M.Pawlowski（Eds).Handbook on information technologies for education and trainingpp). New York:Springer.2002:1-22.

②WALTER D.,CAREY,CAREY J.O..The systematic design of instruction [M].New York: Pearson.2005:6th ed.

③SENLSON C.,ELISON-BOWERS D..Micro-Level design for multimedia-enhanced online course[J].MERLOT Journal of Online Learning and Teaching,2007,3(4):383-389.

④ HANNAFIN M.J.,HOOPER S.R..Learning principles.In M.Fleming&W.H.Levie(Eds), Instructional message design: Principles from the behavioral and cognitive sciences (2nd ed.) Englewood Cliffs,NJ:Educational Technology Publications.1993.

微观过程中，也涉及学习理论、制作技术及关于设计的评价。例如在微观设计中使用多媒体学习的理论可将教学沟通和学习的有效性最大化，而技术的应用涉及到压缩技术、视频资源的大小和格式等。

3.整体设计

整体设计主要是指在基于课程内容的微观设计基础上对微观内容的整合、关联设计。尽管教学微视频设计是基于微观层面的，但是从课程的角度，课程的整体性和知识内容的完整性、关联性对于学习者学习是至关重要的。因此，其设计需要考虑整体化的特点。整体化设计是实现课程结构逻辑性和知识内容完整性的保证，也是保证学习者思维逻辑和结构化的重要途径。

笛卡尔思维的基本原则与整体化思想表现不同的看法，主要是要素还原主义包括三个基本假设：①所有的事物可以分解还原成要素，并且要素可以由其他事物替换；②将所有的要素加到一起，便得到事物的整体；③如果解决了各个要素的问题，就相当于解决了整体的问题。[①] 然而自 20 世纪 80 年代以来，基于笛卡尔思维的理论和方法接连不断地出现危机，人们对其产生诸多质疑。例如，由于将问题细分为许多小部分，使得获得一个应用广泛的解决问题方案的可能性大大减小；将问题分成离散要素的结果是，解决问题的方案缺乏协同性和相互依存性。

因此，面对学习活动微型化的趋势，学习内容的微观设计层面上，需要考虑课程内容的整体设计。在整体设计的指导下，将课程分解成微型化、碎片化内容，同时考虑学习内容的关联和聚合。

4.极简性设计

极简设计的目的是使内容成为焦点。从艺术的角度来说，极简设计是一场起源于第二次世界大战后的运动，由极度推崇极简艺术的艺术家们发起。如今，极简更多指向于某种风格，这种风格跨越多个不同的领域。极简设计已经被描述为最基本的设计，它主张的思想是越简单越丰富，将最重要的内

①钟志贤.面向知识时代的教学设计框架:促进学习者的发展[M].北京:中国社会科学出版社,2006.

容放置在最突出的位置上，使其成为焦点，将注意力焦点正好放到正确的内容上，以避免分散用户注意力。

微视频课程作为视听型媒体资源，在对其内容进行设计时，需要考虑极简性。教学微视频的极简设计需要从视觉呈现和知识内容两个方面考虑。从视觉呈现的角度，视频呈现的内容需要与学习者的注意力焦点相匹配，其中视觉呈现的三个最重要的因素是平衡、对齐和对比。从知识内容的角度，知识内容要体现出最基本内容需要，所呈现的内容信息具有适宜性和意义性，避免增加学习者不必要的认知负荷。

第三节　设计框架

下面将从宏观和微观两个层面探讨微视频课程的内容设计框架，阐述微视频课程的内容设计过程。

一、内容设计

微视频课程的内容设计宗旨是为学习者碎片化学习提供有效的学习内容，所以既需要为学习者提供即时所需的碎片化内容，又要考虑学习内容之间的关系以保证碎片化学习内容之间的关联。因此，微视频课程的内容设计主要包括微视频课程的内容分解设计和教学微视频设计。

微视频课程的内容分解设计是从课程结构的宏观层面考虑，即课程的整体性，它需要考虑如何有效地将课程内容分解而不破坏课程内容和意义的完整性，以及如何通过内容之间的关联实现学习内容和学习思维的逻辑性。因此，微视频课程内容的分解设计包括课程内容的分解和内容之间的关联。这个领域内容更多是课程设计专家需要重点关注的。

教学微视频设计是从课程内容的微观层面考虑的，它需要考虑如何设计有效的教学微视频促进学习者的意义学习。这个领域更多是制作微视频课程的教师基于教学内容而需重点关注的。其中，教学微视频作为视听类学习资源，其视频属性对内容的学习有着重要影响，这也是微视频课程与传统课程的差别所在。微视频课程的内容不仅考虑知识内容，还要考虑视频属性特征。

教学微视频的影响要素有知识内容、教师的教学艺术和视频属性特点。因此，教学微视频设计主要包括三个方面，分别是知识内容的设计、教师教学艺术的设计、教学微视频内容表征的设计。

根据微视频课程内容设计所需考虑的内容和影响要素，从教育、心理、艺术、技术和社会这五个视角提出微视频课程的内容设计框架，如图 3–2 所示。下面将概述这五个设计视角对微视频课程内容的影响。

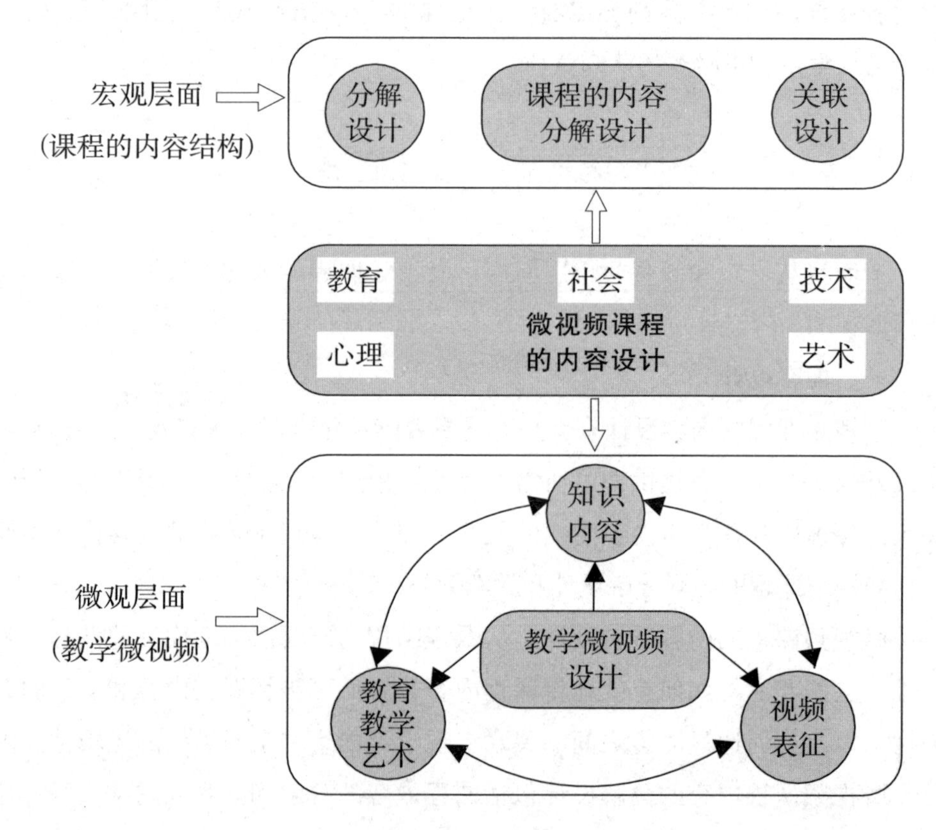

图 3–2　微视频课程的内容设计框架

1.教育视角

在对教学微视频进行界定时，已指出教学微视频与日常所提到的微视频之间最大区别是知识内容的教育性。教育性、教学性是设计微视频课程内容时首先要考虑的，它对知识内容、教师的教学艺术产生着重要影响。

2.心理视角

教学微视频知识内容的设计和视频表征设计需要考虑学习者学习认知、学习风格及资源应用形式等方面。作为多媒体学习资源，教学微视频的设计需要充分考虑学习者认知负荷，依据学习者工作记忆原理及视听类资源信息加工的过程和特点进行设计。

3.艺术视角

学与教的原理混合于教学系统之中，在教师这个重要催化剂下才得以充分发挥作用并产生教学的艺术元素。艺术成分主要是教师凭借个人的经验或实践知识赋予特定教学活动的特殊认知，是可以在教学情境中被激活的教学机智，是教师从教与学的感悟中沉积而来的、默会知识明确化的表现。

真实学习情境中的学习者在利用教学微视频学习时，它与视频中的教师是无真实、直接互动的，是需要克服“师生”之间心理障碍的。这也是它与传统面授教学的不同之处。教师与学习者、学习者与学习者之间物理意义上的时空分离导致心理距离和交流鸿沟。只有跨越心理意义上的空间，才能使受众对学习内容产生心理共鸣，激发学习者的参与情绪，缩短学习者和教师之间的心理距离和感情距离。这时，教师的教学艺术发挥着重要的作用。另外，教学微视频作为多媒体学习资源，其知识内容的表征及视觉的呈现也需要考虑学习资源的艺术性。

4.技术视角

技术在微视频课程内容设计时的作用是通过发挥技术工具价值的最大化以促进学习的有意义学习。教学微视频的技术性主要体现在教学微视频的制作和关联设计方面。面对多样化的微视频制作技术，如何根据知识内容性质及客观技术环境，选择合适的技术制作以学习者为中心的微视频课程是至关重要的。另外，基于课程分解和关联，需要通过教学微视频元数据本体对教学微视频资源进行关联，建构微视频课程内容的知识地图，连接学习者碎片化思维以确保认知结构的完整性。

5.社会视角

微视频课程是生活节奏变快和科学技术快速发展的时代学习产物，其应

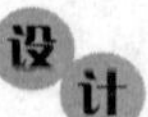

用受着时代经济发展和市场需求的影响。因此，微视频课程的内容设计需要从社会视角出发，考虑经济和市场的需求，根据内容选择合适、经济的制作模式，考虑可重用、跨平台兼容等特点的同时，亦考虑开发成本与输出价值等因素。

二、设计过程

教育教学领域的设计是离不开教学目标分析和学习者特征分析的，微视频课程的内容设计亦是如此。因此，微视频课程的内容设计是基于课程教学目标的分析和学习者特征分析，进行课程内容的分解设计和教学微视频设计，设计过程如图 3–3 所示。

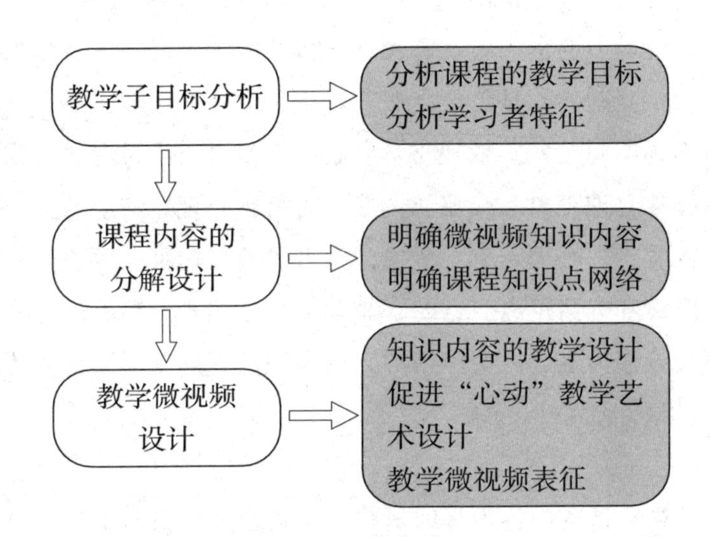

图 3–3　微视频课程的内容设计过程

1.教学子目标分析

教学子目标的分析是在课程教学目标分析的基础进行的，它是课程教学目标和微视频之间的桥梁。同时，教学目标的分析与学习者特征是分不开的，学习者的学习需求、学习风格、认知能力、认知结构直接影响着课程教学目标。教学子目标直接对应着课程知识点，因此，教学子目标与知识点的确定是密切相关的，教学子目标的分析可作为确定知识点的策略。

2.课程的内容分解设计

微视频课程的内容分解设计关系着微视频课程设计与传统视频课程设计之间的区别。它是实现碎片化学习内容合理性和碎片化学习实效性的重要保证。课程的内容分解设计直接决定着微视频的知识内容，它主要是指根据课程目标在确保课程内容完整性的同时，如何将课程内容分解成一定粒度容量的知识内容，以适应学习者的碎片化学习需求。

3.教学微视频设计

教学微视频是知识内容、教师对知识内容的讲解、知识内容的视频表征的整合体。它作为教学内容的载体，既与知识内容的教学设计相关，也与教师教学艺术相关。它作为学习媒体，也需要考虑视频属性特点及知识内容表征。

在对课程的内容进行整体设计时，为保证课程的内容设计有序、完整、合理，可以先设计微视频课程的内容信息单，如表 3–1 所示。通过对知识点的记录，使学习者对微视频课程的内容有整体了解，更好地调控自步调学习。同时，教师也可以通过知识点的规划，分析课程内容设计的合理性、有效性和完整性。

表 3–1　微视频课程的内容信息单

知识点	学习目标	主要内容	教学过程的顺序结构	辅助性资源（如加入小视频、动画等辅助讲解）
S_1				
S_2				
S_3				
…				
Sn				

第四章　微视频课程的内容设计策略

微视频课程的内容设计主要包括微视频课程的内容分解设计和教学微视频设计，下面将探讨微视频课程的分解设计策略和教学微视频设计策略，主要论述如何对课程内容进行分解和关联以尽可能确保课程内容的完整性和教学微视频的可重用性和意义完整性，以及如何设计使学习者“心动”的教学微视频。

第一节　微视频课程的内容分解设计策略

一、分解设计的思想原则

课程内容的划分方式和粒度对知识体系中知识点应用起着决定性的作用。可见微视频课程的内容分解科学合理与否关系着微视频课程的实践应用。根据微视频课程的内容设计是基于微观层面的知识点设计这一理念，其内容的分解实为知识点的划分。知识点的基本划分原则是：①知识点内容需遵循一般教学规律；②知识点内容能满足相应的教学需要且便于实现启发式教学和个别化教学；③保持知识点内容的完整性和一致性；④确保知识内容的切需性和意义性，以持续激发学习者内驱力和学习兴趣。[①] 除此之外，微视频课程的内容分解还需要注意以下原则。

（一）课程结构内容的松散耦合化

尽管微视频课程是由多个意义完整、独立的教学微视频构成，但这并非意味着课程结构和知识结构不存在或教学微视频之间无关联，任何课程的知

①彭莹.基于知识体系的多媒体网络课程及工具研究[D].武汉:武汉大学,2010.

识内容均是基于结构体系的，只是知识内容的结构没有固定不变的标准。课程内容的体系和结构也会因为学科的不同而有所差别。然而为实现课程的重构和共享，构建动态、开放、共享、个性化课程，在设计课程时需要考虑课程结构内容的松散耦合化，即课程的组成内容是相对独立的，但却以一定的结构关系、合理巧妙的关联而构成课程内容，以保证课程内容的模块化和关联化。

（二）教学内容的知识点化

微视频课程是面向碎片化学习和微型学习需求的新课程形态，为满足碎片化学习方式的特点及学习情境的需求，教学微视频是包含微型短小的知识内容，这意味着课程知识内容需要以一定的模式和方法进行分解设计。在保持课程内容体系化和知识内容微型化的情境需求下，笔者认为微视频课程知识内容的分解设计主要是基于知识点（knowledge point）设计的，即每个微视频均是独立的知识点。

（三）知识点的可重用性

从资源建设的层面，微视频课程的内容设计需要考虑其可重用的特性。在领域知识本体库（KOB）上，可重用知识点 RKP（reusable knowledge point）建立一种更细粒度的可重用知识对象，使得课程间的知识共享处于领域本体库知识点这一最小学习单位上，可以有效地提高课程设计和开发效率。知识点是一种独立的、可重用的课程构件，每门课程包含该课程的学习目标和支持其学习目标的若干知识点，知识点均来自领域知识本体库。

二、基于知识点的内容分解与关联设计

在分解设计的思想原则中已明确提出知识点化的理念，即教学微视频是独立知识点，微视频课程的内容可被看作知识点网络。因此，微视频课程的内容分解设计是对知识点的划分和设计。在分析课程教学目标和学习者特征的基础上，进一步明确教学子目标，依据教学子目标确定知识点内容，从而将课程内容分解为一系列的知识单元或知识点。

不同教学设计者对知识点大小的划分是不尽相同的。作为以知识点为核心进行发散的课程结构，知识点该如何划分呢？是否有可遵循的策略呢？下

面将分析基于知识点的分解设计策略。

（一）知识点内涵及分类

1.知识点内涵

知识点是笼统抽象且传统的概念，从不同的视角理解其所包含的内容是不同的。从内容上知识点是一个局部的逻辑意义相对完整的知识集合。从教学媒体角度，知识点是一个由若干媒体（如文字、声音、图画、动画、视频等）相互协调以表达一个局部的逻辑意义相对完整的知识媒体集合。①

本研究中知识点是指教学活动过程中传递教学信息的基本单元，它是意义相对完整的知识的集合，可以进行相对独立的测评，所有微视频课程的最小学习单元都是知识点。知识点的容量大小跟课程结构及内容是相关的，例如，“三角函数的定义”“牛顿第一定律”、《诸子百家》中“孔子及核心思想”、《A History of the World since 1300》中的“Silk Roads”“The wealth of villages”“sea-lanes”等均可以是独立知识点的教学微视频。

2.微视频课程中知识点分类

微视频课程中的知识点是自上而下层次化的。根据知识内容的粒度，知识点可分为元知识点和复合知识点，元知识点是指内容结构不可再分的知识点，复合知识点是由两个或两个以上元知识点构成，如图 4-1 所示，多个知识点构成一个知识模块（或主题单元），一门微视频课程可包含一个或多个知识模块。例如，本研究实践部分开发的微视频课程“大学语文课程”是由《季氏将伐颛臾》与《论语》的魅力、《秋水》篇与《庄子》的哲学宗旨、《谏逐客书》与政论文的逻辑力量等 13 个知识模块构成，其中《季氏将伐颛臾》与《论语》的魅力这一知识模块由《论语》孔子与儒家的“礼乐文明”、《季氏将伐颛臾》导读、《论语》的名句名篇举例这三个知识点构成，《论语》孔子与儒家的“礼乐文明”由孔子思想、《论语》常识、儒家思想等元知识点构成。

---

①彭莹.基于知识体系的多媒体网络课程及工具研究[D].武汉：武汉大学，2010.

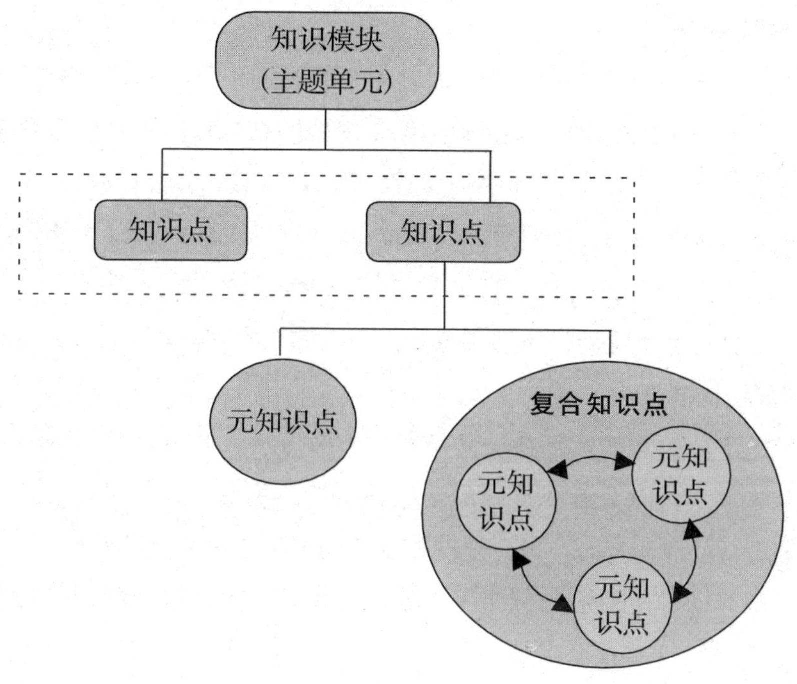

图 4-1 微视频课程中知识点分类与层级

知识点的粒度大小影响着知识点的可重用性和教学微视频的时长，一般粒度越小的知识点所包含的知识容量越少，教学微视频时长相对越短。例如，几分钟网《衣物清洗小窍门》① 这门微视频课程是由 9 个教学微视频构成的一个知识模块。每个教学微视频讲解一个元知识点，例如，如何清洁毛巾、如何清洗文胸和内裤、如何洗丝巾、如何巧洗衣服领口等。每个教学微视频一般不超过 2 分钟。

（二）基于教学目标的内容分解

微视频课程的内容分解方法决定着教学微视频之间的结构关系，即微视频课程的内容结构。为确保课程内容的有效性和完整性，将课程内容分解成知识点是需要依据教学目标的。依据教学目标的分析方法，微视频课程的内容分解主要采用以下方法。

①课程来源：http://www.jifenzhong.com/lesson/272.

1.归类分析法

归类分析法首先需要确定知识内容的主要类别，再将知识内容按照类别归纳成若干知识主题/模块，从而确定教学内容的结构和范围。它适合于课程内容不存在严密逻辑层级或程序的课程，所以可以进行基于知识点的分析。例如，在本研究的第一个实践案例“幼儿园创意手工”中，将主要采用归类分析法，对手工制作的材料进行归类，如分为罐子、棉花、环保袋、纸杯、纸类等，之后对基于每种材质的创意手工进行独立的分析与设计。

2.解释结构模型法

它是用于分析和揭示复杂关系结构的有效方法，它可将系统中各要素之间的复杂、零乱关系分解成清晰的多级递阶的结构形式。[①] 在对当前微视频课程内容进行抽样调查时，可汗学院较多课程采取了这种分类方法。

利用解释结构模型法分析课程内容的过程是：①抽取课程内容的核心概念或理论，围绕这些核心关键词展开教学；②寻找核心关键词之间的关系，通过点与点之间的联结形成知识网络，以构成相对完整的课程知识圈。

由于此类课程内容关系结构较为复杂，为使学习者对课程内容具有整体框架和宏观了解，可以通过知识地图的方式建立知识点之间的关联性。同时，建立知识点之间的联结也是实现碎片化学习内容和学习思维走向聚合的途径。例如，可汗学院的“三角学”是研究平面三角形和球面三角形边角关系的内容，它一共包含 39 个教学微视频（请见附录 2）。此门微视频课程被分为基本三角学、三角函数、三角方程、三角等式、三角应用等核心概念，再将概念之间建立联结。

3.层级分析法

层级分析法是指用来揭示教学目标所要求掌握的从属技能的一种内容分析方法，是一个逆分析的过程。[②] 对于学科知识结构严密且知识内容具有明确层级的课程可以采用此种方法。

---

①何克抗，郑永柏，谢幼如.教学系统设计[M].北京：北京师范大学出版社，2002.

②何克抗，郑永柏，谢幼如.教学系统设计[M].北京：北京师范大学出版社，2002.

不同层次的知识点具有不同的难度等级，越是在底层的知识点，难度等级越低（越容易）；越是在上层的，难度越大。例如，可汗学院的《算术与代数预备课程》是代数的预备知识，在整个数学代数课程结构中，两者具有明确的知识层级。另外，在《算术与代数预备课程》中加减乘除法等知识点也存在明确的高低层级。

（三）促进知识内容关联的知识点建模

有效的内容组织必须能在学习者脑海中形成有关概念和意义的复杂网状关系，提高学习者的高级思维技能、情感和理解。即使学习者将所有孤立事实全部忘记，也在其头脑和心中仍保持着对关系和规则的深刻理解。因此，知识内容的关联和聚合是实现课程内容完整化和结构化、学习者学习思维关联化和系统化的重要保证，对知识点进行建模是知识内容基于语义实现关联和聚合的重要途径之一。下面通过微视频知识点的本体建模实现知识内容的关联。

1.知识点类型和关系分析

本研究中知识点类型主要是依据知识的性质进行划分的，即分为事实类、概念类、程序类和原理类知识点。

基于知识点的课程设计使得一门课程表现为一个知识点网络，因此对知识点的关系分析有利于明确和分析知识点的各种关联及程度，在强调知识点内容独立性之时，确保课程内容的逻辑性和完整性。知识点的关系主要包括层次关系、前驱关系、关联关系和并行关系。

（1）知识点的层次关系

层次关系是指知识点可以由若干元知识点聚合而成，知识结构中的各知识点之间呈树形结构。知识点的层次关系是按照横向结构与纵向结构对知识的划分而得到的。横向结构是指知识点之间的关系是一种并列或同级关系，各知识点间为“兄弟关系”。纵向结构是指课程知识结构中的各知识点间形成的“父子关系”。以课程容量大的微视频课程为例，其知识点的层次关系如图 4–2 所示。

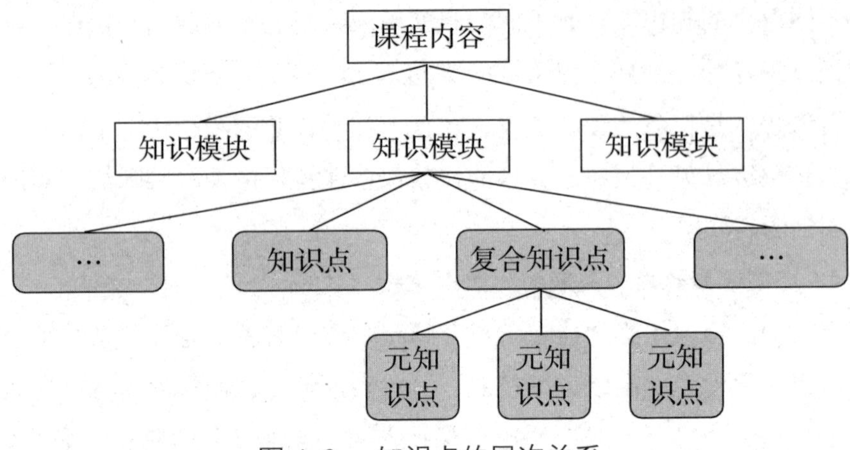

图 4–2　知识点的层次关系

若将课程内容的知识点体系表示为一棵知识树，则知识树具有以下特性：层次越高，其整体性越强，即所涵盖的内容越多，所表述的内容越抽象；层次越低，其部分性越强，即所表述的内容越具体。

课程内容体系采用自上而下的方法导出该知识域的层次结构，每一个子层次是其上一个层次内容的拓展。当教学内容沿着层次从上向下开展设计时，关注的区域越变越窄，分解的基本单元也越来越细。

(2) 知识点的前驱关系

知识点在学习过程中具有一种必然的先后关系。一个知识点当前是否可学习往往取决于某些知识点是否已被掌握。在学习某一知识点之前必须先学习相关的另一知识点，这两者之间的关系即为前驱关系。以可汗学院《有机化学》这门微视频课程中的《烷烃命名》为例，各知识点之间存在由易到难的前驱后继关系，如图 4–3 所示。

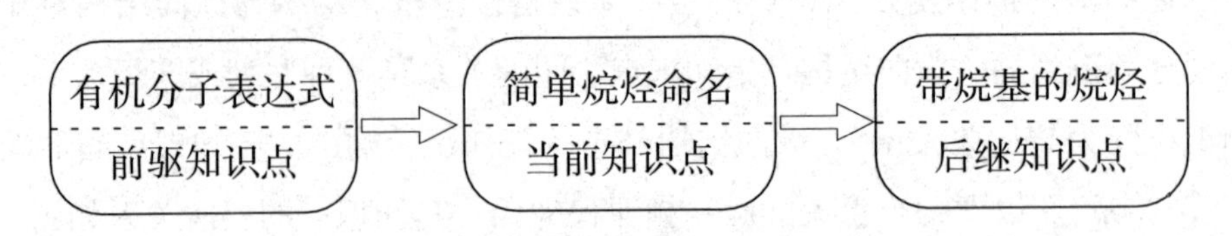

图 4–3　可汗学院《烷烃命名》知识点间的前驱后继关系

(3) 知识点的关联关系

作为一种知识点体系，概念原理之间存在着内在相互制约、相互影响的关系。关联关系揭示了知识点之间存在着网状结构，并指出知识是由一组相互联结、相互作用的结点组成。关联关系有利于对知识的融会贯通，形成知识点系统和知识点网络。知识点之间的关联关系可分成两类：一类是一对一关联（1：1）表示一个知识点只与另一个知识点对应；另一类是一对多关联（1：n）表示一个知识点可以与多个知识点有关联关系。以可汗学院的《正弦函数》为例，知识点正弦函数定义与知识点正弦定义之间是关联关系，如图4–4所示。

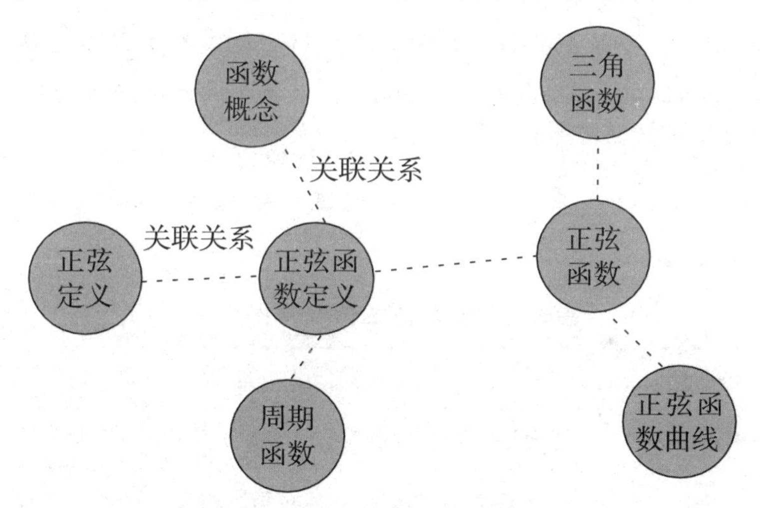

图4–4　可汗学院《正弦函数》知识点间的关联关系

(4) 知识点的并行关系

与前面几种关系相比较，也存在一些关系结构并非十分紧密的知识点，即知识点之间并无直接的关系，二者之间是一种弱连接，那么此时，这两个知识点是一种并行关系。一般情况下，在课程内容较为发散、结构逻辑性不强的课程中，知识点之间会有这种关系。例如，在第五章的课程案例《大学语文》中，几乎每一章第一节的知识点之间都是一种并行关系，如第一章第一节的《老庄道教哲学》与第五章第一节《张若虚与春江花月夜》之间无直接关系，这两个知识点之间是并行关系。

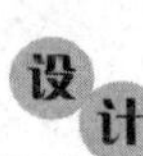

2.知识点本体元数据模型

本体（Ontology）最初是哲学领域的概念，表示世界的本原和存在的性质。后来，本体被引入计算机领域，以解决信息资源的语义理解问题。在计算机领域，本体主要是指特定领域概念与概念间关系的明确规范化说明，表示了某领域的所有概念，概念之间的关系，概念的属性。① 知识点本体是对知识点所包含的知识内容及知识点之间关系的形式化表达。知识点本体元数据亦可看作是对知识点属性的描述，即标识知识点本身所具有的性质、作用及相互关系等。通过对属性的描述，可明确各知识点在课程内容中的“角色”和“位置”。微视频所包含的知识点主要从以下几方面进行属性标识，分别是编号（Identity）、名称（Name）、关键词（Keywords）、知识目标（Object）、知识点关系（Relation）、知识点内容（Content）。基于此，微视频的知识点本体元数据模型主要包括以下元数据元素：<KPid>元素、<KP>元素、<kw>元素、<type>元素、<object>元素、<description>元素、<relation>元素。具体描述如表4-1所示。

表4-1 知识点本体元数据描述

元　素	描 述
<KPid>编号	知识体系中知识点的唯一标识号
<KP>名称	知识本体名称，是对知识点内容的一种高度概括表述，用一个较短的字符串表示
<kw>关键词	知识点的关键词集，利用对知识点的检索及知识点的可重用性
<type>类型	对知识点类型的描述，不同知识点内容对应着不同的认知结构。在本体库中，通过<type>属性，可以使知识点本体数据表和相应的认知结构数据表之间建立关联

①吴郑红. 教学视频的语义标注研究——从课堂教学观察与评价角度构建语义模型[D].上海:华东师范大学,2011.

续表

元　素	描 述
<object>知识目标	理解、记忆、运用。根据知识内容性质，对知识点的学习目标要求也是不同的。明确知识内容的目标要求有利于学习者利用微视频进行自主学习
<description>知识点内容	对知识点内容的详细描述
<relation>知识点关系	知识点之间存在的各种关联及其程度，主要包括层次关系、前驱关系、关联关系和并行关系

总之，通过知识点本体元数据的描述，既可实现课程内容分解后的知识点之间联结，又可基于知识点的语义实现教学微视频的聚合，使资源实现可重用性的同时，能为学习者碎片化学习提供适合需要的资源。

第二节　教学微视频的“心动”设计模型建构

本节主要基于S-M-C-R传播模式对影响教学微视频的要素进行分析，并基于ARCS动机模型建构教学微视频的“心动”设计模型。

一、“心动”设计的提出

教学视频是指在线教学中能向学习者传递复杂信息和知识的强大媒体，它在网络课程中早已广泛运用。当前的教学视频主要是通过摄像技术录制教学过程，从而传递教学内容，因此，学习者学习教学视频时无法参与真实的学习互动，这种情景下的教与学对教师和学生均是一种挑战。虽然在网络课程建设及区域资源库的建设中，已经投入较多的财力、物力和人力，然而关于教学视频的利用效果及与其建设的初衷相比，情况并不乐观，很多教学视频是无效的或不可用的，很多教学视频几乎是课本知识内容的搬家和课堂搬家。这类“搬家式”的视频课程根本无法激发学习者的学习动机和激活学习者的学习思维，与教师的深层性和生成性互动更是无从谈起。

互动是意义获得的重要途径。美国大学教授列夫·曼诺维奇（Lev Manovich）[①]将发生在新媒介上的互动区分为两个部分，一个部分是身体意义上的互动，另一部分是心理意义上的互动。[②]因此，以视频为学习媒介的学习因为难以进行身体意义的互动时，心理意义的互动则更显得重要，即学习者对教学视频的“心动”。

教学微视频的“心动”设计是主要探讨学习者在观看视频进行学习时，在显性互动缺失的情况下，如何设计隐形互动——心动的教学微视频，以激发学习动机和促进“心动”学习。

二、基于S–M–C–R模式的影响要素分析

“心动”设计更加体现和强调以学习者学习体验为中心的理念，其宗旨是提高教学微视频的应用效果。从传播学视角，美国学者戴维·贝罗（David K. Berlo）的S–M–C–R模式（如图4–5所示）能较好诠释以教学微视频为媒介资源的教与学。贝罗的S–M–C–R模式综合了哲学、心理学、大众传播学、人类学、语言学等学科，其传播过程的基本构成要素是信源（source）、信息（message）、通道（channel）及受传者（receiver）。[③]它是典型的单向传播，明确而形象地说明了影响信息源、接受者和信息实现传播功能的因素是多样和复杂的，各个因素之间又存在着相互影响和制约的关系。传播效果不仅与组成传播过程的信源、信息、通道和受传者这四个基本要素相关，还受各具体基本要素的影响，这个传播模式在一定程度上解释了单向直线传播模式的规律。

根据贝罗的S–M–C–R模式，基于教学微视频的学习模式中信源是教师，信息是微视频的知识内容，通道是视频这一媒介，受传者是学习者。教师、微视频知识内容、视频的媒介属性、学习者直接影响着基于教学微视频的学

①注：列夫·曼诺维奇（Lev Manovich）是美国加州大学圣地牙哥分校视觉艺术教授。他最著名的作品《新媒体的语言》（*《The Language of New Media》*）被翻译成多国语言，受到广泛好评。有书评作者认为这本著作是第一本针对新媒体这一主题进行严谨而深远的理论探索著作。

②赵战.新媒介视觉语言研究[D].西安：西安美术学院，2012.

③胡钦太.信息时代的教育传播：范式迁移与理论透析[M].北京：科学出版社，2009:44.

习效果。由于设计宗旨是提高学习者利用教学微视频学习的效果，因此，教师、知识内容、视频、学习者是影响学习者基于教学微视频学习效果的四个构成要素。鉴于以上四个要素的“角色”和“位置”，其影响学习者“心动”的具体内容是教师的教学艺术、知识内容的教学设计、视频属性特征、学习者自我内驱力。

图 4-5　贝罗的 S-M-C-R 模式

（1）教师的教学艺术

教师讲授教学内容时所呈现的教学艺术。这与教师的教学态度、教学技能、教学视野及教学风格相关。

（2）知识内容的教学设计

教学微视频的知识内容设计是基于知识点的微观教学设计，它与微型学习内容的设计是相关的。

（3）视频表征和视觉呈现

视频作为学习媒介，知识内容的视频表征及视觉呈现效果直接影响着学习者接收和理解可视化语言的能力。

（4）学习者自我内驱力

学习内驱力影响着学习者主动学习的态度和认知水平。它分为认知内驱力、自我提高内驱力、附属内驱力。认知内驱力是一种掌握知识和技能、阐明和解决学业问题的需要，是指向学习内容本身的动机。它与学习者的兴趣

及知识的需求密切相关，是学习动机中最根本和稳定的动机。①

三、促进“心动”的 ARCS 动机模型分析

学习者的“心动”与学习动机是密切相关的，因此，设计学习动机是促进学习者心动的重要途径。美国大学教授约翰·M·凯勒（John M.Keller）于1984年提出了ARCS动机模型（如图4-6所示），它整合了动机和认知领域的大量研究②，为学习设计提供了可操作性指导，并为设计学习干预提供了操作性框架。

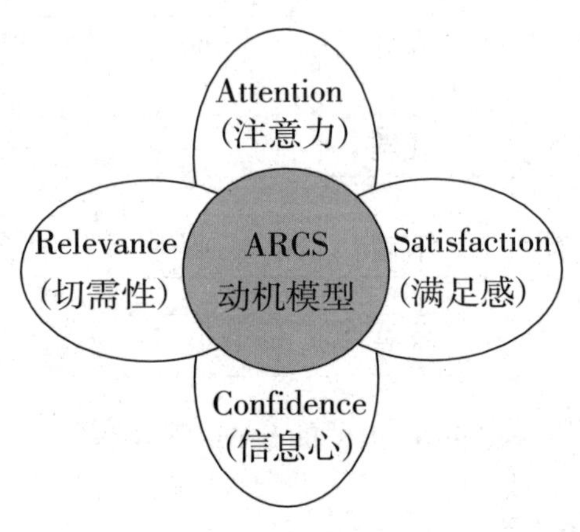

图 4-6　Keller 的 ARCS 动机模型

Keller 的 ARCS 动机模型是基于动机和教学设计宏观理论的，是在美国心理学家爱德华·托尔曼（Edward Chase Tolman）（1932）和库尔特·卢因（Kurt Lewin）（1938）早期的“期望—价值”理论（expectancy-value）基础上修正发展而来的。③它包括四个方面的动机策略，分别是注意力（attention）、切需性（relevance）、自信心（confidence）和满足感（satifaction）。

①刘名卓.网络课程的可用性研究[D].上海:华东师范大学,2010.

②John M.keller.Development and use of the ARCS model of motivational design[J].Journal of Instructional Development,1987,10(3):2-10.

③John M.keller.Development and use of the ARCS model of motivational design[J].Journal of Instructional Development,1987,10(3):2-10.

1.注意力

注意力是影响学习者心动的重要因素和进行心动学习的前提条件。影响学习者注意的变量有知觉唤醒（Perceptual Arousal）、探究唤醒（Inquiry Arousal）及保持注意力。①

注意力通常是指加工的选择性，集中和专注是注意的核心。美国实验心理学家威廉·詹姆斯（William James）将注意分为主动注意与被动注意。当注意因个体的目标驱动而设计自上而下的控制加工时，注意是主动的。因为外部刺激引起自下而上的控制时，所以注意是被动的。注意力还分为集中注意力（focused attention）和分散注意力（divided attention）②。任何学习者要保持理想的倾听状态是非常困难的，要保持注意力稳定上升也几乎是不可能的。学习者的注意力表现出波段性，即先是赢得注意力，然后注意力下降，接着又逐渐增加。③因此，教师可以了解引起学习者主动注意和被动注意的刺激条件，以及分析注意力的高峰和低谷来激发学习动机。

2.切需性

学习内容的切需性是学习者的认知内驱力。影响学习内容切需性的变量主要有学习内容紧扣学习目标、符合学习者学习需求、能与原有知识建立关联。④

3.自信心

自信心是与学习者学习内驱力相关的一种学习态度。影响学习者自信心的变量有成功的期望（学习需求）、成功的机会（学习活动）、个人责任（成

---

①John M.keller.Development and use of the ARCS model of motivational design[J].Journal of Instructional Development,1987,10(3):2-10.

②M.V.艾森克，M.T.基恩.认知心理学(第五版)[M].高定国，何凌南，等，译.上海：华东师范大学出版社，2010.

③詹姆斯·博格.说服 PERSUASION 影响他人是一种艺术[M].冯□，译.北京：中国市场出版社，2009.

④John M.keller.Development and use of the ARCS model of motivational design[J].Journal of Instructional Development,1987,10(3):2-10.

功归因）。学习者能满怀自信地学习，能从学习中获得成就感和意义感，如通过真实性和适应性的知识内容解决生活实际问题。

4.满足感

满足感主要是指学习者对自我学习效果的满意度。影响学习者满足感的变量有学习身份的认同、学习平等和对自我学习成果的认同。①

根据 ARCS 动机模型内容及影响变量，笔者提出本研究情境下相应的问题性策略，如表 4–2 所示。

表 4–2　激发动机的问题性策略

动机策略	变量	问题性策略
注意力	认知冲突	如何使学习者产生认知冲突，以吸引学习者的注意力
	知觉刺激	如何引起学习者的视知觉注意，吸引学习者的兴趣
	探究唤醒	怎样才能激起学习者继续进行学习探究的态度
	持续注意力	怎样才能维持学习者的注意力
切需性	指向目标	如何使知识内容紧密围绕于学习目标
	满足需求/兴趣	如何使知识内容满足学习者的需求？如何使知识内容能引起学习者的学习兴趣
	内容关联	怎样能把教学内容和学习者的经验联系起来
自信心	成就感	如何使学习者获得学习成就感
	自我效能感	怎样帮助学习者建立一种对成功的积极期望
	意义感	怎样才能使学习者感觉所学的知识内容是有意义的
满足感	身份认同	如何使学习者感知此时的学习并非是孤立的学习
	角色平等	如何解除教师的“绝对权威”，使学习者感觉学习的平等
	学习的认同	如何使学习者在学习过程中感觉自我的提高和明显的学习收获

①John M.keller.Development and use of the ARCS model of motivational design[J].Journal of Instructional Development,1987,10(3):2–10.

四、教学微视频的“心动”设计模型

从教育、心理、艺术、技术和社会的视角，根据影响教学微视频的要素和 ARCS 动机模型内容，构建教学微视频“心动”设计模型，如图 4–7 所示。教师、知识内容、视频、学习者之间是相互关联、相互影响的。例如，知识内容的有效设计需要考虑学习者的认知风格、学习需求、学习经验等，知识内容需要教师通过艺术性的教学方法与技能、教学语言及情感进行传递，并通过视频得以呈现。

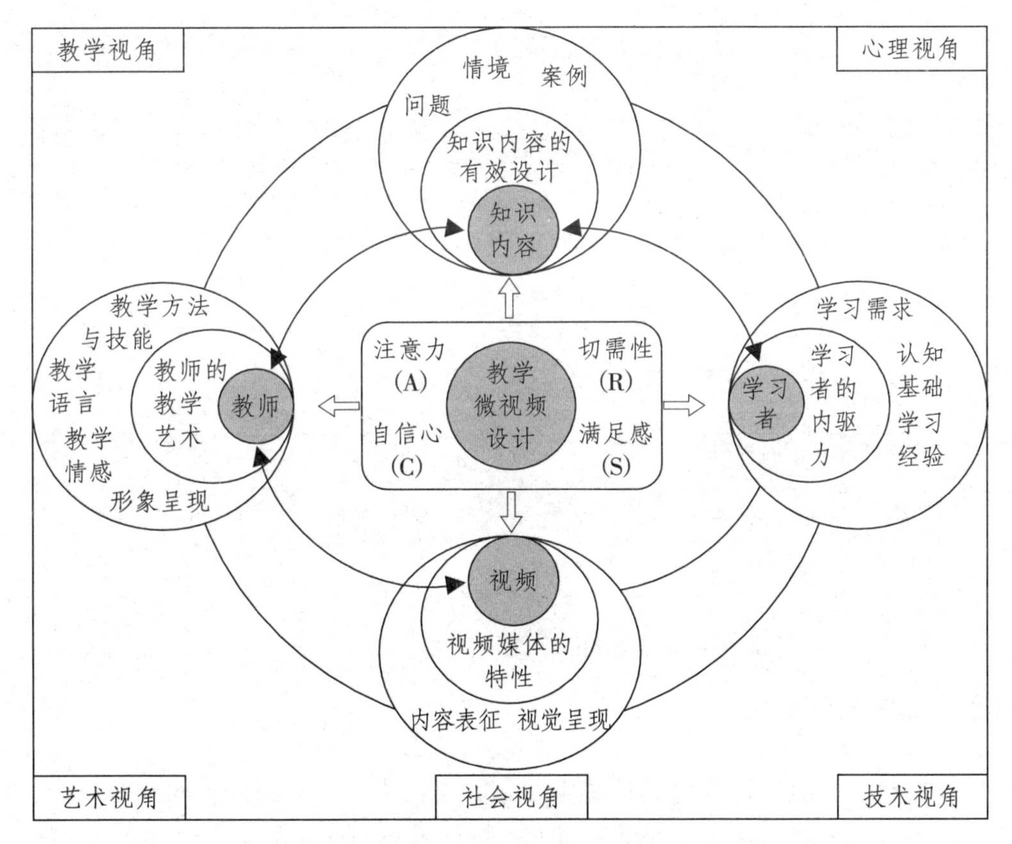

图 4–7　教学微视频的“心动”设计模型

教学微视频的设计策略是基于学习动机策略及其具体变量的，其内容框架如表 4–3 所示。在本研究中，学习者注意力与知识内容的有效设计、教师的教学艺术、视频表征以及视觉呈现设计是密切相关；学习者学习切需性与

知识内容的有效设计、教师教学艺术、自我内驱力是相关的；学习者学习自信心与知识内容的有效设计、教师教学艺术是相关的；学习者的学习满足感与知识内容、教师教学艺术是相关的。

表 4–3　教学微视频设计策略的内容框架

动机策略及变量 \ 影响内容		知识内容的有效设计	教师的教学艺术	视频的表征和视觉呈现	学习者的内驱力
注意力	认知冲突	√	√	√	×
	知觉刺激				
	探究唤醒				
	持续注意力				
切需性	指向目标	√	√	×	√
	满足需求				
	关　联				
自信心	成就感	√	√	×	×
	意义感				
满足感	身份认同	√	√	×	×
	角色平等				
	学习的认同				

（注：“√”代表可提出相应的设计策略，“×”代表此处二者无直接、主要影响）

因此，教学微视频的设计将主要致力于：①通过知识内容的有效设计，以吸引学习者的注意力、促进学习者的自信心和满足感；②通过设计教师的教学艺术，以吸引学习者注意力，提高学习内容的切需性及学习者的学习自信心、满足感；③利用视频的媒介特性，吸引学习者注意力；④通过提供切需的知识内容以提高学习者的内驱力。（此部分将置于“知识内容的有效设计”中阐述。）

第三节　教学微视频的“心动”设计策略

根据教学微视频的多维分类框架可知，教学微视频的制作技术和教学方法的不同导致教学微视频类型的多样性。下面将根据教学微视频的“心动”设计模型、教学微视频设计策略的内容框架，以及基于内容分析法对当前教学微视频的分析总结，从教学微视频的知识内容、教师教学艺术和视频表征三个方面对各主要类型教学微视频进行设计策略的研究。由于教学微视频类型因其呈现形式不同而各异。下面主要以摄像技术为主的讲授和演示类、以录屏技术为主的讲授类、以数字故事（digital storytelling）转格式类的教学微视频为代表，进行相关的策略研究。

一、知识内容的设计策略

三种类型教学微视频在知识内容设计方面有些共通之处，即可以根据ARCS动机模型及影响学习者基于微视频学习的二级变量，进行知识内容的设计研究。如表4–4所示。通过对以上知识内容心动策略的总结，提出针对各类教学微视频知识内容的普适性设计策略。

表4–4　基于知识内容的设计策略

动机策略	问题性策略	知识内容的心动策略
注意力	如何引起学习者的视知觉注意，吸引学习者的兴趣	矛盾、问题 情境、案例、故事
	怎样才能激起学习者继续进行学习探究的态度	
	怎样才能维持学习者的注意力	
切需性	如何使知识内容紧密围绕学习目标	知识内容的真实性、适应性
	如何使知识内容满足学习者的需求	
	怎样能把教学内容和学习者的经验联系起来	
自信心	如何使学习者感觉学习具有成就感	利用知识内容解决问题的能力；知识内容的真实性；
	怎样才能使学习者感觉所学的知识内容是有意义的	
满足感	如何使学习者感知此时的学习并非是孤立的学习	知识内容的意义性
	如何解除教师的“绝对权威”，使学习者感觉学习的平等	
	如何使学习者在学习过程中感觉自我的提高和收获	

1.根据短时注意力规律，设计有效的教学开场白策略以吸引学习者的短时注意力

在不同年代利用不同媒体不同人群注意力时长是不同的。成人在听演讲报告时的注意力持续时间是 20 分钟。[①] 观看视频的注意力平均时长是 2.7 分钟，2000 年人的平均注意力时长为 12 秒，2012 年是 8 秒。[②] 另外有研究认为视频时长最少 2 分钟，最多 5 分钟。[③] 在线视频广告服务商 TubeMogul 公司从 6 个共享网站中选取了 188 055 个视频进行了调查，结果显示 50%的观众在视频播放到 60 秒时就放弃了，即 50%观众看视频的时长不超过 60 秒。[④] 尽管至今未对注意力时长有权威界定，但从以上各类数据可知，人的注意力时长很短。因此，需要根据短时注意力规律设计学习者的短时注意力内容。

针对短时注意力学习者，需要注意以下内容。①即时有用的内容；②有价值的内容；③能够快速的检索到内容；④内容短小；⑤内容具有索引；⑥总括性介绍并为学习者提供短小的内容概述；⑦松散的内容结构，独立的模块内容，且灵活、易于移植，学习者能快速的浏览小模块的课程；⑧显示视频内容的时长，以利于学习者把握学习节奏；⑨即时的对话。即时、快速、短小的对话可利于学习者更好地理解学习内容。

有效的开场白导入是教学微视频在知识内容方面吸引学习者短时注意力的策略之一。开场白导入是教学微视频的重要内容，它直接决定着是否能引起学习者的短时注意力及学习者继续学习的意愿。根据教学微视频的时长较

---

① Gavin Bennett, Nasreen Jessani.THE KNOWLEDGE TRANSLATION TOOLKIT —— Bridging the Know Do Gap: A Resource for Researchers[M].Sage India, IDRC.ISBN: 978-81-321-0585-5; e-ISBN: 978-1-55250-508-3.2011.

② Harald Weinreich, Hartmut Obendorf, Eelco Herder, et al.Not Quite the Average: An Empirical Study of Web Use[J].ACM Transactions on the Web, 2008(2): 1.

③Florin Dobrian, Vyas Sekar.Understanding the Impact of Video Quality on User Egagement [C].SIGCOMM'11, 2011, Toronto, Ontario, Canada.Copyright 2011 ACM 978-1-4503-0797-0/11/08.

④TubeMogul.Online Video Viewers Have Short Attention Span[EB/OL].http://isvfocus.com/keep-videos-short-half-visitors-gone-in-60-seconds/.2008-12-1.

短，开场内容需要精辟简练，有效的教学开场内容可以通过以下内容。

(1) 总括性的内容介绍

总括性的内容介绍有利于学习者把握教学微视频的主要内容和整体知识框架。经过对当前教学微视频的统计分析，发现在使用了开场白导入的教学微视频中有60.66%的人采用总括性内容介绍，可见它也是较被认可且常用的教学开场内容。例如，下面案例的开场白既清楚地明确视频的主要内容，又站在学生的立场进行阐述，从而促使学习者产生继续学习的意愿。

“在这个视频中，我想做的是讨论一下矢量和标量之间的区别。那么首先我将给出一点定义，然后我将给出一系列的示例，我想这些示例将会极大程度地说明问题。希望它们将会极大程度地说明问题。虽然它们听起来可能像是很复杂的概念，但是我们通过学习这门课程的视频可以看出事实上它们是非常简单的概念”——附录1可汗学院案例《矢量与标量的介绍》

(2) 使用简短的互动练习或测试

在基于教学微视频的学习难以实现互动时，简短的互动练习或测试是实现学习者“心动”的重要途径之一。经分析发现当前教学微视频几乎是单向型的，“教师”（教学微视频）与学习者之间几乎毫无互动的教学，大部分均是教师直述式传递知识，并未利用视频技术来设计学习者与视频之间的互动活动。可见，这一内容是未来设计者需要关注的重要内容。

(3) 挑战性、引起认知冲突和矛盾的意义性问题

开场白问题应使学习者具有认知挑战和冲突的性趣，以便较好地吸引和保持学习者的注意力，激发学习者的兴趣，促进学习者获取知识、发展有效的问题解决技能。[①] 认知冲突是指学习者的原有知识结构与新的知识发生矛盾或不一致，从而需要学习者对原有认知结构进行调整或重建的一种状态。此类问题所隐含的信息或知识，应该力图基于学习者的原有认知基础，并能通

① Maria Harper, Marinick. Engaging Students in Problem-Based Learning [EB/OL]. http://www.mcli.dist.maricopa.edu/forum/, 2011-10-25.

过问题引起认知冲突，即设计的教学问题应该是对学习者有吸引力的问题，但又不会超脱于学习者临近发展区的认知阈限。[①]

(4) 展示学习预期及结束时所能达到的目标和产生的学习效果

此种策略可常用于动作技能类学习中，即通过展示良好的学习预期和产生的效果激发学习者的兴趣。例如，在5minC的《让照片“动”起来》中，教师通过展示一张精彩的、绚丽的动态照片以进行开场白导入。

(5) 采用与知识内容相关的故事

以内容相关的故事进行开场既能吸引学习者的注意力，也能将学习者带入知识内容主题的学习情境。例如，可汗学院中《资产负债表介绍》中的开场白。

> “最近，贝尔斯登银行和卡莱尔公司发生了很多事情，很多媒体对此予以报道。我去了2家机构询问情况，因为我觉得这事很有意思，所以我也给朋友讲这件事。这些事事实上是很重要的，无论是对我们的未来，还是整个金融系统的健康运作都是很重要的。但是人们对此却不是很敏感，不了解。所以我决定从数学课和物理课上拿出一点时间来讲一下这个问题，讲一些关于会计和金融方面的知识……比如说“账面价值的故意降低”，或者“你没有流动资产”。这些在生活中都会接触到但你却不是很了解。所以我……——附录1可汗学院案例《资产负债表介绍》。”

这种短小的生活故事易于作为教学的情境导入。

2.可以采用基于“首因-近因”效应的WPW教学过程

心理学实验研究发现，单位时间内学习者的注意力保持程度会呈现一定的起伏，而注意的保持程度会直接影响到短时记忆和长时记忆的结果。在“首因-近因”效应中，学习者对最早出现的刺激记忆效果最好，其次是最后出现的刺激。[②]可见，教学的导入部分与总结这两个环节是注意力保持程度较高的。美国学者理查德·斯旺森（Richard A. Swanson）提出了WPW

①胡小勇.问题化教学设计:信息技术促进教学改革[M].北京:教育科学出版社,2006.

②张家华.网络学习的信息加工模型及其应用研究[D].重庆:西南大学,2010.

(whole-part-whole) 学习模型，他认为给出学习目标、相关概念及主题的整体框架可以为学习者提供“心智支架”（mental scaffollding)，可以提供学习情境、激发学习动机。[①] 教学微视频可以采用总—分—总结构，即由导入、展开单元教学和总结三个部分组成，总—分—总内容结构有利于吸引学习者对核心主体内容的注意，激发学习者学习动机，使学习者的思维、注意力聚焦。

在进行开场白导入后，一般情况下的主题内容展开部分有多种结构：①时间顺序结构，是指按时间顺序直线式地展示内容。此种结构符合人们的认知经验、容易理解和记忆；②空间顺序，主要是指空间位置或其他属性。如在介绍人体部位和功能的微视频中，可以采用此种这种方式；③扩展结构，有些事物的运动状态与规律应采取逐步扩展的方法去介绍，才能使学习者获得完整的知识；④螺旋上升结构，这种结构与扩展不同之处是它在螺旋循环过程中知识有重复，但又必须在原有的基础上提高结构到一个新的高度。因此，可以根据知识内容的性质采用合理的知识展开结构。

另外，总结可以帮助学习者整体了解知识内容框架和概念的主题。同时，亦可通过启发性的问题促进学习者进一步思考和探究。在对教学微视频进行分析的结果显示，47.62%采用提问的方式，33.33%采用内容总结的方式，14.29%通过提示后续知识点内容，4.76%提供练习。其中，提问包括与知识主题相关的开放性的问题、对知识主题内容进行复习和巩固性的问题等。

3.增加知识内容的真实性，建立知识与生活的连接，促进学习者的知识迁移

从知识内容选择的层面，应该考虑和注重知识内容真实性、连接性和意义性即知识内容应与真实生活相连接、具有现实意义，使得学习者可以利用知识内容培养解决问题的能力，以获得学习的满足感和成就感。

通过对教学微视频的抽样分析，发现案例、问题和故事是微视频教学中常用的策略，可以将学习者带入真实情境以增加知识内容的真实性。

---

① Richard A. Swanson.MindEdge Innovation in Learning .Considering the Whole-Part-Whole learning model [EB/OL].http://learningworkshop.mindedge.com/2010/03/26/considering-the-whole-part-whole-learning-model/.2012-6-10.

(1) 故事化的学习设计

Ray 提出了能有效的运用于微型学习和移动学习、能反应情境驱动学习概念的学习设计方法，其核心观点是基于故事的学习设计（SBLD）和情境学习平台（CLP）。对故事的学习设计，提出了“SRIA”模型，即建立（set up）、相关（relate）、阐述故事（interpret）、运用（apply）知识内容。①

事实上，故事是教与学中较传统、古老的方法，然而随着媒体技术的发展，故事获得了新的生命，可以以一种新的方式应用到教与学中。其核心观点是故事可作为一系列事件的表征，可被认为是一种思维模式、交流的策略、表达形式。它可以将信息、知识、情境和情感压缩到一个“包裹”中②，有利于先前知识与新学知识之间的连接，它可作为回忆的提取线索。③ 信息被编码并贮存仅是问题的一半，如果没有适当的线索来提取信息，个体是难以回想起某一事件的。

另外，微电影作为一种情感传达及信息内容传递的微视频，它主要是通过故事而展开叙述的，其故事中通常采用悬念策略和情感策略。故事中的起承转合内容对受众的心动发挥着重要作用，“玄疑”“包袱”和“抖包袱”是重要的手段。可见，故事是促进学习者心动、激发学习者好奇和兴趣的重要策略。

(2) 问题化的内容

问题化的内容设计的目的是使学习者基于问题学习。在学习过程中，通过问题激活学习者思维空间的矛盾运动，从而获得更为动态的空间，它是一种整体建构的认知活动。④ 当然，并非所有的问题都能激发学习者的持续探究和兴趣。真实性学习的引发，需要嵌入有意义的话题（即用已有知识能够理

① Ray Jimeniz. Vignetteslearning [EB/OL].http://vignetteslearning.com/vignettes/workshop－aboutray.php.2012－12－10.

② Chery Diermyer, Chris Blakesley. Story－Based Teaching and Learning :Practices and Technologies[C].25th Annual Conference on Distance Teaching & Learning,2009.

③张家华.网络学习的信息加工模型及其应用研究[D].重庆:西南大学,2010.

④王天蓉,徐谊.有效学习设计:问题化、图式化、信息化[M].北京:教育科学出版社.2010:126.

解，与现有经验相比有冲突或挑战，学习者能够感知该问题对生活的重要价值）。

问题的设计能促进知识的迁移。知识的迁移本身就蕴含着跨情境的问题在真实情景中遇到问题时赖以解决问题的经验，此类知识往往和课堂学习的知识不一致，这也反应了课堂学习的知识向课外的迁移不是自动发生的。

问题能引起学习者的参与热情。问题应尽可能激发学习者的参与兴趣和学习动机。好的问题能使学习者消除恐惧畏缩的心理，实现积极的学习。可以通过贴近学习者真实生活世界、具有适度挑战、内容趣味性等，调动学习者的学习热情，积极跟随教师的内容进行思考和探究。

（3）案例化的内容

案例可以使学习内容与实际工作更好地结合，将知识内容有效的迁移到实际工作场景中。例如，真实情景中的学习可以借助于案例（生活或工作）。基于案例的学习是使学习者置身于真实情境的学习，是一种情境认知，这类学习直接指向学习者的认知过程与情感体验，有利于学习者的知识建构，促使学习者的有意义学习。同时，案例在吸引学习者注意、激发学习兴趣和激情，促进知识内容的迁移应用、实现新旧知识的连接等方面也发挥着重要作用。

另外，当前以数字故事为代表的数字媒体类教学微视频备受关注。数字故事是人们共享生活故事的一种短小的数字媒体产品，是把讲故事的艺术与多种媒体工具（如图片、声音、视频、动画和网页等）相结合的一种新的讲故事方式。它已在各领域得到广泛应用，尤其是因为它富有感情和能激发学习兴趣的呈现方式而在高等教育、中小学教育中备受关注和并广泛应用。[①] 当前国内的数字故事[②] 主要以 PPT 转为视频的技术方法制作。只有教师对技术充分了解的情况下才能更好地发挥技术在教学中的作用。基于 PPT 制作技术的数字故事提高了教师和学生的参与程度，这也是备受关注和喜爱的重要原因。

以数字故事为代表的数字媒体类教学微视频，其知识内容设计的重要特点

①Alaa Sadik.Digital storytelling: a meaningful technology-integrated approach for engaged student learning[J].Educational Technology Research and Development,2008,56(4):487-506.

②2012 年 3 月黎加厚教授带领上海师范大学团队开通数字化故事网站，提供大量数字故事视频资源。

是：①所需要解决的问题源自实际教学，并且需要被解决的问题明确，即内容目标清晰明确；②故事素材源自生活，具有代表性、真实性、启发性和意义性。

二、教师教学艺术设计策略

教学艺术是一种艺术化的教学，它具有教学的基本特点（如科学性、教育性和实践性等）和一般艺术的共性（如表演性、情感性、审美性和创造性）。尤其是通过视频为学习者呈现知识内容的教学更是对教学艺术有着更高的要求，其具有以下主要特点：①传授性和教学性相结合的教学行为；②表演性和实践性统一而成的形象性；③情感投入与行为表现结合而成的审美性。[①]

学习者利用教学微视频学习时，教师教学艺术在吸引和保持学习者注意力、激发学习者学习兴趣、对学习者身份和角色的认同等方面发挥着重要作用。由于教师教学艺术的设计策略对于提高学习者注意力和增加满足感、自信心方面存在一定的功能应用交叉。因此，在本研究中，以提高 ARCS 动机为根本目的，对教师教学艺术所包含的主要内容进行设计。教师教学艺术主要包括教师的教学技能与方法、教学情感与态度、教学语言等方面。表 4-5 中列举了各种促使学习者心动的教学艺术策略。

表 4-5 教学技能与方法促进"心动"的作用描述

教学艺术方法	促进心动的作用与功能描述
创设思维对话的空间	满足感：对学习者身份的认同使其获得满足感
"共情感"的授课思维	注意力：通过对话空间的创设，引导学习者进行同步思考，吸引学习者的注意力
"故事感"的教学方法	满足感：对学习者身份的认同注意力：吸引学习者的注意力，利于知识的迁移，以及新旧知识的连接
良好的自我"印象管理"	满足感：通过语言和形象管理，使学习者感知自我身份得到认同
积极、激情的教学情感态度	注意力：通过情感牵引学习者的注意力思维
启发性和科学化的教学语言	满足感：通过启发性、劝说性的语言，使学习者进行愉悦的学习

①王升.如何形成教学艺术[M].北京：教育科学出版社，2008，44.

尽管当前部分教学微视频，如主要采用录屏技术为主的教学微视频（以可汗学院资源为代表）并未出现主讲教师的身影，但创设思维对话的空间、“共情感”的授课思维、“故事感”的教学方法、启发性和科学化的教学语言、积极激情的教学情感态度和良好的自我“印象管理”仍然是视频中“教师”需要具备的。只是在视频中未出现主讲人的情况下，听觉所带来的直接刺激，如教学语言和情感态度扮演着重要角色。下面对各教学技能进行详细阐述，并通过案例加以说明。

1.创设虚拟对话的空间

创设虚拟对话的空间是传统课堂教学与教师通过视频教学的主要区别，也是视频资源能否引导学习者学习的重要原因。

教学的本真意义是交往与对话。学习归其本质是对话的过程，通过“自我”对话与“他我”对话进行意义的建构。然而，面对没有“他我”互动的异步学习者，教师需通过启发式的问题和情境设计，创设学习者“自我”对话和思辨的空间，实现学习者的个体知识建构。对话不仅是语言上的互动，还是知识、思想、情感、经验等方面和层次的相互交流。教师在讲授知识内容时，应考虑学习者基于视频学习的情境，尽量渗透对话的意识。教师在制作微视频过程中存在两种形式：一种是有学生听众的视频录制模式，另一种是无学生听众的录制模式。有学生听众的录制模式有利于从行为方式和思维意识上进行师生对话。然而，在当前的现实客观情况下，大部分微视频录制都是教师自我录制视频或是利用演播室的录播系统，是无直接受众的，此时授课时的思维对话空间更显重要。

创设虚拟对话空间的有效方法是虚拟对话环境的创建，教师需要假想身边有听众学习者，自己正从事一对一的教学辅导与对话。其实现路径是情境的创设和问题的设计、具有对话语气和意识。下面来看一个来自 Khan Academy 的案例——《introduction of vectors and scalars》（矢量和标量的介绍），如图 4-8 所示。（内容见附录 1）

“例如，我们说这儿就是地面，我使用一个更贴近地面的颜色画一下地面，在这儿，这是绿色，我们说，在这儿我有一个砖块，地面上有一个砖块，我拿起那个砖块，并且将它移动到这儿的这个地方。我将砖块移动到那儿，然后我拿出标尺，我说，唔，我将砖块移动了5米。那么我给你的问题是，我这5米的度量，它是矢量还是标量？”好了，如果我只告诉你了5米，你只是知道移动的大小，你只是知道移动的量值……”

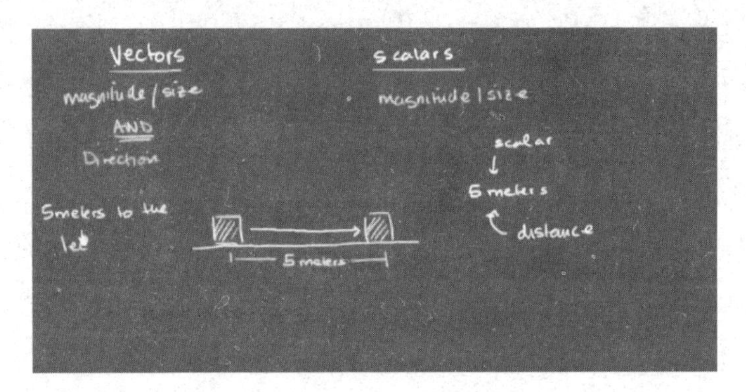

图4-8　案例《introduction of vectors and scalars》

“虚拟意识”是 Khan Academy 视频资源备受欢迎的重要原因之一，是 Salman Khan 讲课的特色风格之一。在 Khan Academy 的视频资源中，虚拟对话随处可见，Salman 通过问题和情境的创设，将自己与听众学习者组成学习小组，形成一种虚拟对话。事实上，这种虚拟对话更多地是一种思维、意识和情感的互动和对话，使学习者感知并非是自己独立的面对视频学习。

2.“共情感”的授课思维——共情感的“说服”教学

亚里士多德坚信情感感染力，即人们通过自己的洞察力和理解力能确定和你打交道的人的真实情感，也就是现在人们常说的共情感（empathy）。[①] 共情感对健康、良好的人际沟通是非常重要的。

Danie Pink 曾将共情感（empathy）作为创感时代（conceptual age）的六大能力之一。共情感是指人们发现和理解别人的情感、思想和所处环境的能

---

①詹姆斯·博格.说服 PERSUASION 影响他人是一种艺术[M].冯□，译.北京：中国市场出版社，2009.

力。① 它不仅强调用心，而且强调用脑来倾听别人的谈话。具有共情感的人能够较好的理解别人的情感、感知别人的思维视角。因此，具有共情感的教师通过合理地换位思考，能较好的预测学习者对学习内容的反应和学习者的学习情境，因此能较好的表达、讲授学习内容，使学习者更易于接受和理解知识内容。

> 现在我们深入研究一下它，加入我们，讨论一个物体的实际速率或者速度，我们说这5米是已经走过的，我们说时间上的变化，由于你可能不熟悉它的含义……（——来自附录1可汗学院《矢量与标量的介绍》）
>
> 它们告诉我们："soh"的意思是sin等于对边比斜边，可能现在还没有明显的含义，我马上会详细讲的。cos是邻边比斜边，最后是正切，正切就是对边比邻边。你可能会问，嘿，Sal，你说的这些，对边，邻边和斜边，到底指的是什么？好，我们来看一个角，如说这个角吧，角度为θ，夹在边长为4和5的两边之间，这个角的角度是θ，我们来说一下$\sin\theta$，$\cos\theta$，$\tan\theta$到底是什么。……（——来自附录1可汗学院《基本三角学》）

"共情感"的授课思维充分体现了以学习者为中心，也是弥补异地教学缺乏互动的弱点。教师需要通过多种角色扮演、换位思考的授课方式，更好地理解学生的需求及兴趣所在，理解教和学中的问题，适时改变教学策略，更好地提供学习支架。

3. "故事感"的教学方式

"故事感"是指用故事叙述（story-telling）的方式讲述知识内容。幽默、会讲故事的老师会增加课程的新颖性，会以更加引人入胜的方式提供想象的空间，实现学习者的自我建构。

美国趋势专家丹尼尔·平克（Daniel H. Pink）曾阐述了商家是如何利用短故事，植入他们的产品和服务，他们利用有限的时间吸引观众的注意，使观众立即进入故事情节。② 故事情节方法是利用故事创建有意义的、真实的情

---

①丹尼尔·平克.全新思维[M].林娜，译.北京：北京师范大学，2006.

②平克.创新时代的六大思维[M].林娜，译.北京：北京师范大学出版社，2006.

景，使学习者学习概念和技能。创造性的故事是一种利用叙事交流的独特方式，它能使观众快速的获得并浸入（engage）内容。① 故事感的教学方式与故事化的内容是紧密相关的。

4.教师自我“印象管理”

美国社会学家欧文·戈夫曼（Erving Goffman）的“戏剧理论”（又称作“场景理论”或“情境理论”）核心是印象管理（Impression Management）。印象管理是指传播者在人际传播中试图通过言语或非言语、行为来控制对方对自己形象认识的一种过程，又可以称作印象修饰。② 印象管理是社会互动的一个根本方面。每种社会情境或人际背景都有一种合适的社会行为模式，这种行为模式表达了一种特别适合该情境的同一性，人们在交往中总是力求创造最适合自己的情境同一性。③ 个人印象管理需要理解他人对自己的知觉与认知，并以此为依据创造出积极的有利于自身的形象，这将有助于成功地与他人交往。

教学微视频中教师的教学与课堂上教师的教学都使用讲授法，它们大多都是一种自上而下的知识讲授方式。然而，两种情境下的“有效”教学方法是完全不同的。在前者的教学情境，教师需要与学生进行虚拟的对话和感情沟通，然而这种教学心理是难以适应、难以做到的。这也是当前教学类视频课程内容质量不高的重要原因。鉴于此情况，教师需要根据适应这样的教学情境，对自我形象进行管理，以便更好地与学习者进行互动和感情沟通。其中，重要的内容之一是对学习者身份的认同，通过自我语言形象的管理，使学习者感知并非自己独立地学习。

5.积极且富有感染力的教学情感态度

没有情感的教学是枯燥无味的，教学要做到“动之以情、晓之以理、导

---

①What Is Micro-Storytelling Why Is It Important In Digital Media And Movie Making[EB/OL].http://www.teachdigital.org/2012/01/what-is-microstory-telling-and-why-is-it-important-in-digital-media-and-movie-making/,2012-10-2.

②欧文.戈夫曼.日常生活中的自我呈现[M].冯刚，译.北京：北京大学出版社，2008.

③乔纳森.H.特纳.社会学理论的结构(第 7 版)[M].邱泽奇，张茂元，等，译.北京：华夏出版社，2006.

之以行”。教学活动虽然以传递知识信息为中介，但时时离不开人所共有的情感。[①]积极和激情的教学情感能为学习者的积极学习态度提供正能量。在对教学微视频进行案例分析时，部分教学微视频是采用flash和PPT相结合而制作的。类似于此类的数字化媒体视频，在无主讲人身影出现的情况下，富有感染力的教学情感更为重要。教学情感可以通过语言和音乐的方式表达。当前国内数字故事资源几乎均是利用适宜的音乐进行教学情感的表达，以促使学习者进行浸入式学习。

6.启发性和科学化的教学语言

教学语言的启发性主要是指教师在学生的“最近发展区”采用点拨、激疑、引发等方式提高学生兴趣、接近问题解决的阈限，使学生掌握知识、提高能力、发展智力的一种教学思想与方法。其中，教师进行启发时，应注意创设问题情境。根据教学内容，提出问题，使学生保持积极思考的状态。[②]启发性的语言既可以积极引导学生的学习思维，又能较好克服师生之间因跨越时空而导致的心理障碍，进行良好感情沟通。教学语言的科学性主要体现在发音标准、用词准确、说话具有逻辑性等方面。

三、视频表征的设计策略

视频表征的设计主要包含知识内容的表征设计、视频的视觉呈现设计和视频属性的设计三个方面。

（一）知识内容的表征设计策略

在信息技术环境中，人们通常运用文本、图形、声音和视频等符号，形成图文声像并茂的表征，能触动人类不同的感觉经验，有利于在原有知识上建构新的知识。多种表征符号给学习者提供多种感官的综合刺激，有利于学习者通过不同方式理解同一事物，提高汲取知识的速度和利用知识的效率。[③]因此，知识内容的表征可以促进学习者更好的接收、理解、应用教师所讲授的

①卢家楣.情感教学心理学[M].上海:上海教育出版社,2000.

②王升.如何形成教学艺术[M].北京:教育科学出版社,2008:114.

③张舒予.视觉文化与媒介素养[M].南京:南京师范大学出版社,2001.

知识内容。

符号学认为表征是指代表某种事物并传递某种事物的信息。[①] 本研究中知识内容的表征设计主要是指如何利用多媒体元素符号（如文字、图片、声音、动画、视频等）及元素符号之间的组合呈现和传递教学信息。因此，多媒体符号元素的运用对于知识内容的表征是非常关键的。用于知识内容表征的多媒体符号元素有着各自的优缺点、运用方式、最适用的范围及运用策略，如表 4–6 所示。

表 4–6 多媒体符号元素的运用要点和适用范围

多媒体元素符号	描 述	运用要点	适用范围
文 本	用以呈现教学内容、表述概念、讲解注释等。受大小、颜色、字体、样式、位置等因素的影响	标题明确；重点、难点突出；检索方便	基本概念或事实呈现
图片、图形	与文字相比，更加生动形象	图片清晰、容量小、图文对应	直观形象的概念及事实性学习内容
声 音	解说和音乐。它可以刺激学习者的听觉神经，有利于学习者集中注意力	音质最优；容量最小；音频文字同步	语言类学习、会话类学习
视 频	主要用于展示，其真实情感强、信息量大。它能刺激多种感官，再现事物发展的过程	学习内容问题化，知识呈现故事化	真实场景重现的学习内容、案例性资源
动 画	输出文件小，便于执行播放	音、文、画同步；强化重难点	形象化、过程化的知识展示，或模拟不易观察的事物或过程，如微观现象、危险场景等

①赵慧臣.知识可视化的视觉表征研究[D].南京:南京师范大学,2010.

即使学习相同的内容，不同的呈现方式在同一个学习者脑部所引起的活跃区域相差也很大，效果也不同。[①] 因此，教学微视频知识内容的表征设计需要以学习者为中心，考虑学习者学习时的大脑运行机制、学习认知过程和认知负荷，即知识内容的表征设计需要符合学习者学习认知和减轻学习者认知负荷。

1.基于多媒体学习认知的知识内容表征策略

基于多媒体学习认知的知识内容表征策略主要包括：

①根据一致性原则，视频中不含与知识内容无关的文字、声音、视频等；

②根据空间和时间临近原则，屏幕上的文字与其相对应的画面需要邻近呈现；知识内容若包含词和画面时，应该同时呈现。[②]

另外，应尽量使用图片化语言减少工作记忆的负担，减少学习障碍，优化学习过程，提高学习者的动机，促进学习者的学习。[③]

2.基于减轻学习者认知负荷的知识内容表征策略

认知负荷可分为内在负荷、外在负荷和关联负荷。学习者在利用教学微视频学习时，需要通过合理的知识内容表征减轻学习者的认知负荷。参照 Mayer 的设计原则，减轻学习者内在负荷和外在负荷的策略如表 4–7 所示。

表 4–7　认知负荷与知识内容表征策略

认知负荷理论组成	基于 Mayer 多媒体设计的知识内容表征策略
减少内在负荷	①使用文字加图片，而不是单独使用文字； ②把文字和视觉类信息放在一起； ③同时呈现文字和图片
减少外在负荷	①排除无关的文字、图片和声音； ②在利用动画时，直接讲述知识内容，无需添加字幕

①盛群力.教学设计[M].北京：高等教育出版社，2005：306.

②J.Michael Spector，M.David Merrill，Jeroen van Merrienboer，et al. 教学传播与技术研究手册（第三版）[M].任友群，焦建利，刘美凤等，译.上海：华东师范大学，2012：110.

③Anglin Gary J.，Vaez，Hossein. Visual representation and learning: the role of static and animated graphics[J].Handbook of research for educational communications and technology mahwah nj lawrence erlbaum associates, 2004.

（二）视频的视觉呈现设计策略

视频的视觉设计对于视频的应用效果产生着直接影响。视频视觉设计的无效性并非主要是因为制作技术，而是不合理的设计方法导致的。视觉的有效设计与视频的呈现是密切相关的。当前微视频的主要制作技术有摄像机（头）拍摄、录屏软件实录及其他格式的转换技术（如 PPT 等）。总体来看，当前微视频课程中以拍摄类的视频课程为主。此类课程的视频呈现形式具有灵活性、多样性、组合性等特征。有效的视频视觉呈现能促进学习者对知识内容的认知加工和意义建构，提高视频资源的可用性。

视频的呈现设计是通过技术支撑而产生的艺术美感，是技术和艺术的融合。它主要是指视频界面的呈现设计。艺术性的界面呈现设计可以使得视频资源更具可视性和互动性，它是视频课程优秀与否的重要影响因素；艺术性的界面呈现设计能使学习者通过多媒体信息刺激感官和大脑，调控学习者的学习注意力，使学习者进入积极主动的学习状态；艺术性的界面呈现设计使得学习者与视频课程中教师具有多样性的思维互动，有效地克服异步课堂教学的不足。

1.视觉呈现的“蒙太奇”艺术的设计策略

蒙太奇是视频拍摄和制作中的重要内容，它是视频创作中的基本结构手段、叙述方式和镜头组合技巧的总称。它既指视频的总体结构安排（包括时空结构、段落布局、叙事方式等），也指镜头的分切组合、镜头的运用和声画组合等技巧。

蒙太奇在影片中的作用方式对微视频的界面内容呈现有着重要的借鉴。色彩、图像清晰度、声音的同步性、动作和行为被认为是电影和视频中的重要影响因素。通过蒙太奇的功能作用和表现艺术，视频的取景、转场效果和视频画面序列是创建有效教学视频的重要因素。理解基本的取景、转场和序列有利于促进浏览者理解教学内容。[①] 俄国早期的电影制作者谢尔盖·爱森斯坦（Sergei Eisenstein）和利奥·库莱肖夫（Leo Kuleshov）提出了感知的同步性

①Tim Martin.Visual Design for e-Learning Video Production: An Introduction[J].2023.

效应。他们认为，建立连续性系统和情感反馈系统是基于动作图像的取景（framing）、并列（juxtaposition）和过渡（transition）的。[①] 教学视频中这些艺术手法的表现都与蒙太奇的功能作用相关的。

蒙太奇艺术的设计的作用主要有以下几方面[②]。①通过镜头、场面和段落的分切和组接，对素材进行选择和取舍，以使表现的内容主次分明，达到高度的概括和集中。②引导学习者的注意力，激发联想。每个镜头虽然只表现一定的内容，但按一定的顺序组接的镜头，能够规范或引导观众的情绪和心理，启迪观众思考。③创造独特的影视时间和空间。在影视节目中，每个镜头都是对现实时空的记录，经过剪辑，又可以实现对时空的再造，形成独特的属于该影视内容的时空。

2.视觉页面形式美的设计策略

视觉心理学主要关注如何使视觉元素进行合理定位、合理走向、合理分布，使视觉页面具有明确的视觉焦点、清晰的视觉脉络，使学习者与视频页面具有良好的视觉交互性[③]，通过符合学习者视觉习惯使其将学习注意力投入到重要的知识内容上。因此，从视觉心理学的视角，教学微视频的视频页面形式美设计需要注意以下内容。

①页面的整体与局部设计。页面的视觉各要素之间并非孤立存在，而是形成恰当优美的联系，给人一种内部、外部和谐完美的美感。[④]因此，需要着眼于页面的整体设计，页面内容主次的把握，明暗度的调和。

②对比与平衡的设计。对比是把质或量反差很大的要素成功配列在一起，使主体更加突出、形象更加活跃，产生强烈视觉效果。除了注重页面呈现中的对比手法，还需把握页面内容的形式、排列、分布的均衡。例如，运用“对比/相似”的图片或思维导图，能帮助学习者迅速找到二者不同之处或可类

①Tim Martin.Visual Design for e-Learning Video Production: An Introduction[J].2023.

②王靖.数字视频创意设计与实现[M].北京：北京大学出版社，2010：3.

③赵战.视觉页面的形式美研究[D].西安：西安美术学院，2012.

④邱文祥，詹惠茵.网络课程设计中的理论应用研究[J].中国电化教育，2006(9)：81-83.

比之处，加快学习者的理解速度。

另外，对于教学微视频中使用 PPT 讲稿的视频，其视觉设计与艺术元素（如颜色、线条、形式、文字、规模）是相结合的。因此，视频呈现设计应注意以下内容。①

①PPT 页面的统一性和一致性（unity）。它主要是指视频表征的整体设计。书面、视觉和口头等组成部分能有效协调。视觉页面的呈现需要使学习者的视觉、听觉有效的协调统一，使学习者通过双通道加工和理解知识内容。

②PPT 页面图像、色彩和文字的平衡性（balance）。它主要是指视觉的对称性。图像和色彩较易吸引人的注意，它们的平衡能提供视觉平衡和稳定。充分利用色彩及其产生的心理反应，可以美化视频界面；通过色彩的刺激，可以对教学内容起强调作用；通过色彩的调整，可以调节学习者的学习心态。②例如，在页面中若均为文字，会致使学习者视觉疲累；若均是图片，则无法表达核心和重点的概念、内容。可考虑文字和图片按照 1∶1 或者 0.5∶1 的页面比例进行设置。色彩搭配可引起不同的心理效应，可以考虑类比配色、对比配色、单色调配色等配色方面。

③视频页面所展示的内容需要聚焦（focalization）。它主要是指可视化特点和形状。视频页面内容并非均衡呈现，而是需要聚焦的。可视化的聚焦性视觉内容能有效的引起学习者的注意力，提高学习者对知识内容的生成性。

④重复性（repetition）。PPT 中的格式、色彩、图像和线条的重复使用能促使视频页面的平衡、聚焦和统一。

（三）基于视频属性的设计策略

根据教学微视频的抽样调查，对于教学微视频的制作技术方面具有一定的规律性。动作操作类知识一般可用录屏技术和摄像技术进行制作。操作性的实践知识可用录屏技术，如软件工具的学习、程序语言的学习等。动作技

---

① Ellen Lupton. Visual Design Principles-Ads & Slideware. Qtd.in Newsweek 19 Dec. 2005:84.

②李康，梁斌.课件设计理论与制作技术[M].广州：暨南大学出版社，2009:94.

能类知识可用摄像技术进行制作，如舞蹈类、体育类、书法类等。以语言传递为主的事实类知识可采用摄像技术进行制作。

第四节　教学微视频的设计样式

一、样式与设计样式

（一）样式

样式是指一种在设计领域得到广泛应用的方法，美国建筑设计师克里斯托弗.亚历山大（Christopher Alexander）认为当代方法无法满足个人和社会对它们的真正需求，无法满足使用者的需求，并且最终无法满足设计和工程应该改善人类条件的基本需求。因此，他重构了建筑和城市设计的方法，详细阐释和实践了样式思想。[①] 每个样式描述了一个在我们的环境中不断反复出现的问题，接着指明了这个问题的解决方案的关键部分，这样就可以重复使用这个方案。这个定义的关键是问题在环境中重复出现并且解决方案既要足够具体可以解决实际问题，又要足够抽象，避免仅是解决一个特定问题。[②]

样式是一种求知的方法，一种组织和分类信息的方法，也是一种思考和决策的方法。[③] 在模式和理论的使用过程中，应用者普遍体会到教学设计模式和理论比较抽象、宏观、缺乏可操作性的实践环节，即使教学设计专家都很难把握其实质，而对于新手教师难度更大。教学案例又比较具体，与具体的学科知识关联度高，不适合作为一般性的设计参考支架，而教学设计样式是立足于中观层面的设计方式，具有较强的可操作性。[④]

---

①王巍.从一个“转向”看亚历山大的建筑思想[D].南京:东南大学,2004.

②刘强,祝智庭.教学设计的样式方法[J].电化教育研究,2010(12):12–15,19.

③ Larry Charles Holt,Dr.Marcella L. Kysilka.Instructional Patterns:Strategies for Maximizing Student Learning[M].London:Sage Publications,Znc,2005.

④刘名卓,赵娜.网络教学设计样式的研究与实践[J].远程教育杂志,2013,31(3):79–86.

(二) 样式与模式

教学模式是实践性知识在理论层面的抽象总结，它超越了具体实践的有限性，提供具有普遍性的理论形式，具有整体性和简约性的特点。一个教学模式可以包括多个教学样式，教学样式承载的实践性知识达到了抽象与具体的和谐平衡，具有弹性化和结构化的特点。一个教学样式可以通过几个具体的教学案例来举例和验证，教学案例描述的是具体鲜活的教学实践，它以丰富的叙述形式向人们展示了一些包含有教师和学生的典型行为、思想、感情在内的故事，具有真实性和典型性的特点。教学样式与教学案例、教学模式的关系如图 4–9 所示。[①] 样式方法立足教学样式，上承教学模式，下接教学案例，将三者有机地结合起来，完善了教师实践性知识的表示体系。

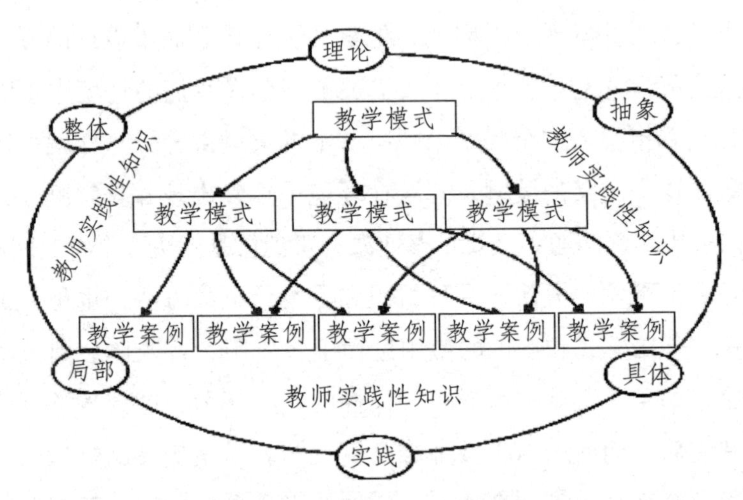

图 4–9　教学样式与教学案例、教学模式的关系示意图

来源：此图来源脚注 1 的期刊文献

二、教学微视频设计样式

在网络教学设计样式，胡小勇提炼出理论导学型、技能训练型和问题研学型这三种优质网络课程的收敛样式。[②] 刘名卓提出理论导学型、技能训练

---

① 刘名卓，赵娜.网络教学设计样式的研究与实践[J].远程教育杂志，2013，31(3)：79–86.

②胡小勇，郑朴芳，江晓凤.基于样式视角的网络课程设计研究[J].中国电化教育，2010(12)：55–60.

型、问题研学型、情景模拟型、案例研学型、自学探究型和实验探究型这七种网络教学设计样式。[①] 在本研究中，教学微视频设计样式可从以下几个维度进行划分：①内容—教学方法；②教学单元/情节的结构（将每个微视频看作一个教学单元或是教学情节）；③教学策略。根据各分类维度，微视频的设计样式的内容如表 4-8 所示。

表 4-8　多种分类维度的设计样式

分类维度	设计样式的内容
内容—方法	理论讲授型
	技能操作型
教学单元的结构	导入—主题内容的展开—总结
	导入—主题内容的展开
	主题内容的展开
	主题内容的展开—总结
教学策略	问题解决型
	案例教学型

当前用于描述样式的两种基本格式是亚历山大使用的散文描述格式和软件行业流行的模板格式。[②] 由于结构化程度不高的散文格式不利于样式的检索和利用，因此教学微视频的设计样式可以采用结构更为清晰的模板格式。教学微视频设计样式主要由样式名、解释、问题、解决方案组成。下面将依据设计样式的组成部分，对各分类维度下的样式进行阐述。

（一）基于内容–方法的设计样式

根据前面对教学微视频的多维度分类，下面依据教学微视频的知识内容性质和教学方法，将教学微视频设计样式分为理论讲授型和技能操作型。

---

①刘名卓，赵娜.网络教学设计样式的研究与实践[J].远程教育杂志，2013，31(3)：79–86.

②刘强，祝智庭，利用教法样式共享信息化教学经验[J].电化教育研究，2007(12)：66–68.

1.理论导学型设计样式

样式名：理论讲授型

解释：理论讲授型是指教师对理论性知识进行讲解、阐释，以语言传递知识内容为主的样式。它是教学微视频中主要且常用的教学模式。理论性知识内容主要涉及概念性知识、事实性知识和原理性知识。例如，国家开放大学的5minC的《什么是基尼系数》《学前儿童社会教育方法：角色扮演法》、可汗学院的《矢量和标量的介绍》《恰当方程》等均属于理论讲授型视频。通常理论类的课程采用此种设计样式，如教育概论心理学导论、外国文学史等课程。

问题：理论内容的讲授易于成为“说教式”教学，尤其是学习者无法实时与教师通过活动进行交互，如何避免这种类型教学的弊端，使学习者有效的将理论学习与实践生活相结合？

解决方案：制定理论讲授类微视频设计单，设计教学活动策略，如表4–9所示。

表4–9　理论讲授类微视频设计单

要素	内容
标题	
主要内容	
制作方法	摄像机拍摄（　　） 利用录屏实时录播 / 主讲人出现（　　）不出现（　　） (在选项打“○”)
教学场景	室内（　）室外（　）（在选项打“○”)
教学活动与过程	
辅助性教学资源	
备注：	

在填写信息单时应注意以下内容。

①微视频标题醒目、能吸引学习者注意且与学习内容相符合。

②主要内容简洁准确，能说明教学微视频的主要内容。

③如何设计教学活动，吸引学习者注意力并激发学习动机。

④如何增加理论知识的真实性以使理论知识与实践生活相结合。

⑤与教学微视频相关的资源，如图片、影视视频等。

2.技能操作型设计样式

样式名：技能操作型

解释：技能操作型设计样式是指教师通过展示、示范等活动，教授和培养学习者某种技能或技巧。教师主要直接通过感知传递技能知识。它主要是程序性知识，如过程演示和过程发展的知识、如何做事的知识。技能主要包含认知技能、动作技能、语言技能。例如，国家开放大学的5minC《教你学做基本戚风蛋糕》《认识人体经络》《Excel单元格格式与美化》等。通常操作类、实训类及实践类课程可以采用此种设计样式。

问题：如何能够有效的使学习者在非实时实地的网络环境下学习技能？

解决办法：通过填写技能操作类微视频设计单，整理技能操作教学思路和过程，如表4–10所示。

表4–10　技能操作类微视频设计信息单

要　素	内　容
标　题	
主要内容	
制作方法	
主要分步内容指导（可用文字描述或流程图）	摄像机拍摄（　　） 拍摄脚本 利用录屏实时录播（　　）/主讲人出现（　　）不出现（　　） Flash动画等 （在选项打“○”）
辅助性资源	
备注：	

（二）基于教学策略的设计样式

根据之前的教学微视频内容分析，发现问题和案例是教学微视频的常用教学活动。因此，问题解决型设计和案例教学型设计是主要的教学微视频设

计样式。

1.问题解决型设计样式

样式名：问题解决型设计

解释：问题解决型设计是指教学微视频是以问题为导向，在解决问题的过程中使学习者完成学习目标。这种样式可使学习者通过问题与知识建立连接，通过知识的同化、顺应和迁移提高学习者解决问题的能力。例如，国家开放大学 5minC《认识人体经络》《如何鉴别真假和田玉》。问题解决型设计样式常用于生活休闲、实践等领域的课程。

问题：有哪些知识内容可以采用问题解决型设计？如何进行问题解决型的教学微视频设计？

解决办法：设计在进行问题解决型教学微视频设计时应主要注意以下几点：①了解知识内容的性质，明确此知识点是否可与问题建立关联；②明确知识内容的应用情境及可以解决什么问题；③选择知识内容的适用教学方法。

2.案例教学型设计样式

样式名：案例教学型

解释：案例教学型是教师根据一定的教学目标，通过利用案例将学习者引入学习情境之中，将知识内容贯穿在案例中，使学习者在日常真实情境中学习。案例教学型设计有利于学习者将知识内容与日常生活相连接。例如，国家开放大学 5minC《谷贱伤农》、可汗学院《利息介绍》将知识贯穿在整个案例中，通过讲解日常生活案例讲授相关知识。案例教学型设计样式常用于法律、经济、医学等领域。

问题：哪些知识内容可以采用案例教学型设计？如何进行案例教学型的教学微视频设计？

解决办法：在进行案例教学型设计时应主要注意以下几点：①了解知识内容的性质，明确此知识点是否可与真实生活建立关联；②明确知识内容的应用情境；③设计案例并与知识内容建立连接；④设计教学微视频的教学顺序结构，将案例贯穿知识点的主题内容中。

另外，还可以进行教学微视频的多种设计样式研究，如基于教学过程的

顺序结构的设计样式。影响教学情节的教学方法可分为三类：①信息内容呈现之前激活学习者知识的教学方法（教学情节的激活阶段）；②呈现、发现或联系新内容时使用的教学方法（教学情节的教学阶段）；③在教学情节中针对学习者的反应采用的教学方法（教学情节的反馈阶段）。[①] 因此，如果将教学微视频看成一个教学单元可将教学实施过程分为三个环节：教学单元的激活/导入、教学单元的教学/实施阶段和教学单元的结点/导出，将这三个环节进行一定组合，构成以下几种设计样式：①导入—主题内容的展开—总结；②导入—主题内容的展开；③主题内容的展开；④主题内容的展开—总结。

在教学微视频的设计样式研究中，可以通过对教学微视频设计的具体案例进行分析、归纳、总结，提炼出易学、易懂、易用、可操作性的设计样式，为教学微视频的设计者和制作者提供借鉴。

①罗伯特.D.坦尼森，弗兰兹.肖特，诺伯特.M.迈尔，等.教学设计的国际观：理论、研究、模型（第1册）[M].任友群，裴新宁，译.北京：教育科学出版社，2005.

第五章　微视频课程的内容设计实践

本章根据微视频课程的内容设计策略进行课程内容的设计与开发实践，调查微视频课程内容的设计效果及基于微视频课程的学习效果，通过调查结果对设计进行反思和总结，在此基础上设计和开发第二个案例。

第一节　问题的提出及项目背景

近年来，国家大力提倡和促进全民终身学习，同时社会工作者对学习及学历有着进一步的需求，因此从事网络远程教育的机构已愈来愈多，远程教育得到了极大的推广，具有广阔的市场。然而，近 10 年来的网络远程教育效果褒贬不一，在认同学习机会增加、学习形式便捷的同时，不乏有对远程教育质量的质疑。有人认为，参与远程教育仅是为了获得“学历”这张“通行证书”，实际学习收获不多，提供此类教育的机构更多是为了“捞金”，根本不注重教学质量。而对于积极投身于远程教育的工作者，则颇感尴尬和委屈。此时，我们不禁需要反思如何有效地提高远程教育的教学质量？毫无疑问，课程的学习内容是教学质量的生命线，它直接影响着学习者的学习效果。因此，优化在线课程内容是提升远程教育质量的有效途径。

从我国及国际上的远程学习现状而言，远程教育的学习者几乎均是成人学习者，他们共有的特征包括缺少自主学习的空间、学习时间零碎、大多习惯以教师为中心的讲解式教学方式等。[①] 其中，学习时间的分散性和碎片化

①闫寒冰，魏非.远程教学设计[M].上海：华东师范大学，2008.

是学习方式的显著特征。微型学习内容、视频类以教师讲解为主的学习内容更符合他们的学习特征和需求。

智能学习终端的普及和运用为成人学习者利用零散时间学习碎片化学习内容提供了一定的技术保障。另外，随着2011年可汗学院微型学习视频在全球的走红和被认可，微型学习视频成为开发者、设计者和学习者关注的学习资源。由此，符合成人学习者学习特点的微视频课程逐渐成为网络课程优化和改革中备受关注的焦点。

华东师范大学网络教育学院（现为开放教育学院）资源建设团队多年来一直致力于网络课程的研发。在“产研”相结合的指导下，不断地进行大胆改革和创新，致力于优质网络课程的研究与建设。该团队于2011年7月提出并着手策划网络课程的改版，决定利用1年的时间研发新形态的网络课程，即以微型学习视频为主要课程内容的网络课程[①]，在2012年9月将新的课程正式投入实际教学。笔者在可汗学院（Khan Academy）所刮起的全球“微视频资源之风”影响下，于2011年4月重点关注微视频形式资源，着手于微视频课程的研究，并在华东师范大学网络教育学院资源建设部进行网络课程改版的建设项目时有幸加入此研究团队并一起进行微型网络课程的建设工作。后来，此项目也成为本研究的实践场，通过此项目开展本研究的实践研究。

第二节　微视频课程的内容设计与应用实施

本节主要阐述微视频课程的内容设计实践，主要包括案例的设计过程和实施效果调查两部分，即如何在本研究理论的指导下进行微视频课程的内容设计与开发实践，并对设计效果和基于微视频课程的学习效果进行调查。

一、课程的内容设计过程

从2011年10月，项目组开始与“幼儿园创意手工”课程（以下简称

①说明：这种课程也属于微视频课程的范畴，两者重要共同点是教学微视频是课程的主要内容。

“课程”）的主讲教师进行协商讨论，提出课程教学要求、课程内容的设计方案及其他相关事宜。根据本研究所提出的微视频课程的内容设计过程，在设计此课程时，首先要分析此课程的教学目标和学习者特点，其次是如何分解和组织课程内容，最后设计每讲教学微视频，如图 5–1 所示。

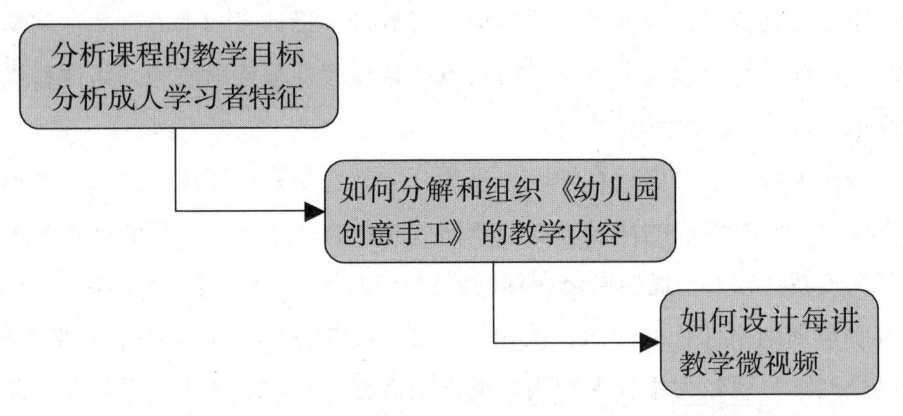

图 5–1　“幼儿园创意手工”的内容设计过程

（一）课程目标、设计理念

由于《幼儿园创意手工》是一门新课程，在此之前并无课本教材和上课经验作为基础，因此在设计课程内容的整个过程中，项目团队成员和主讲教师针对内容设计方案进行了多轮协商与修订，从设计者、主讲教师、制作开发者、学习者的视角，在考虑课程性质及当前视频课程的制作条件方面，提高课程内容的有效性。

1.课程目标与学习者分析

本课程的目标是：①让学习者了解创意手工的概念及重要性；②初步掌握创意手工入门的窍门及创意要点；③通过讨论及案例分析，使学习者进一步领会创意手工的意义和要领；④初步了解并掌握简单的创意手工制作技巧并有效地应用于实践中。

本课程的使用对象是网络学院学前教育专业学生。由于他们均是成人学习者，具有以下显著特点：①学习时间零碎，只能利用工作之余进行学习，学习注意力分散；②少有时间参加辅导；③所选学习内容与实际工作或生活

相关，希望学习中的收获能有效促进实践。

2.设计理念与定位

本课程是以学习者需求为中心，利用微观设计的理念组织教学内容，均以极简设计的理念制作教学微视频。

因此，在设计课程内容时，将特色与思路定位为：①以学习者需求为导向研究材料特质，以及利用材料进行创意设计。②每个教学微视频的时长在15分钟左右。③注重动手实践。围绕不同材料的特质，有针对性地开展知识专题学习，教会学习者简单的制作要领，并从中掌握创意要点。④激发学习者学习动机。教学微视频主要采用教师讲解、照片赏析、演示操作和案例讨论相结合的方式，使学习者在学习教学微视频的同时可以进行模仿，通过边学习边实践将知识内容应用于工作中，实现“做中学”。⑤在制作教学微视频时，界面简洁清晰，减少无关的冗余内容。

（二）课程内容的分解与组织

1.分解设计方法

本课程内容的分解设计是采用归类分析法，以知识专题的形式组织课程内容。

材料是制作手工的重要内容，通过对材料进行归类，将同一类型材料的制作归为一个专题内容，从而以知识专题的形式组织教学。

由于课程的核心内容是手工创意，创意是很难通过描述讲述的抽象概念。一般来说，创意通常来源于经验的积累和经验的联结。于是，本课程在讲授“手工创意”时，通过手工案例的形式表达手工创意的要义。通过经验的积累及与实际生活相连接的学习形式，渗透手工创意的创造力活动。本课程内容是通过手工案例进行实践教学，主要分为两部分：①关于“创意手工”的核心概念、意义等理论内容；②渗透手工创意的实践活动。基于手工案例的教学主要是通过主讲教师的讲授及现场操作和演示而展开的。

2.分解过程

由于手工制作与制作材料是分不开的，材料关乎着手工制作的种类及形状。因此，对课程内容基于专题的分解设计时，主要对手工制作的材料性质进行归类，以材料为关键词展开知识点内容的设计与学习。每个专题对应一个知识点，每个知识点讲授一种材料在手工上的创意应用。为使知识点内容具有代表性和意义性，材料的选择是至关重要的。本课程主要选取日常生活中常见的、易得的、可以实现废物利用的材料，如棉花、环保袋、纸类、纸杯类、纸盒、纸芯和瓶罐这 7 种材料。为使学习者了解课程的主要内容及明确课程的内容结构以便更好控制自我学习的步调，我们提供了课程内容大纲(见附录 4)。

3.促进关联的知识点建模

从资源共建共享的角度，微视频知识点的本体建模有利于实现课程内容的重用，通过语义的聚合实现微视频之间的关联。由于每个教学微视频在脱离本课程的学习情境之下，视频仍是独立且意义完整的，因此，课程内容的移植性较强，有利于类似主题微视频的聚合和课程的可重用、再生。根据微视频知识点本体元数据模型（如表 5–1 所示）。下面以课程第二讲“棉花的巧用”为例，对知识点编号、名称、关键词、类型、知识点目标、知识点内容描述、知识点关系这 7 个元素进行描述，如图 5–2 所示。

表 5–1 知识点本体元数据

元　素	描 述
<KPid>编号	知识体系中知识点的唯一标识号
<KP>名称	知识本体名称，是对知识点内容的一种高度概括表述，用一个较短的字符串表示
<kw>关键词	知识点的关键词集，利用对知识点的检索及知识点的可重用；棉花软质材料
<type>类型	对知识点类型的描述，不同知识点内容对应着不同的认知结构。在本体库中，通过 <type> 属性，以使得知识点本体数据表和相应的认知结构数据表之间建立关联
<object>知识点目标	理解、记忆、运用。根据知识内容性质，对知识点的学习目标要求也是不同的。明确知识内容的目标要求有利于学习者利用微视频进行自主学习
<description>知识点内容	对知识点内容的详细描述
<relation>知识点关系	知识点之间存在的各种关联及其程度，主要包括层次关系、前驱关系和关联关系

```xml
<?xml version="1.0" encoding="UTF-8"?>
<MV_KPid xmlns:xsi="http://www.w3.org.2000/10/XMLSchema-instance">
    <KPid>XQJY00002</KPid>
    <KP>创意手工-棉花的巧用</KP>
    <kw>棉花；软质材料；创意；手工制作</kw>
    <type>程序；原理</type>
    <object>掌握软质材料的制作要点；理解棉花的创意要点</object>
    <description>通过分析棉花这种材质的特点，掌握如何利用棉花进行
创意手工制作</description>
    <relation>
      <relation_type>关联</relation_type>
      < relation_id>XQJY00001</relation_id>
    </relation>
</MV_KPid>
```


图 5-2　知识点《棉花巧用》本体元数据

通过对知识点的本体元数据进行描述，有利于本门课程内容的可重用性和再生性，实现资源建设的可持续性发展。

4.课程的内容结构

本课程的内容结构采用二级式，即“课程—知识点”的结构。本课程是由 10 个教学微视频构成，每一个教学微视频讲解一个知识点，如图 5-3 所示。

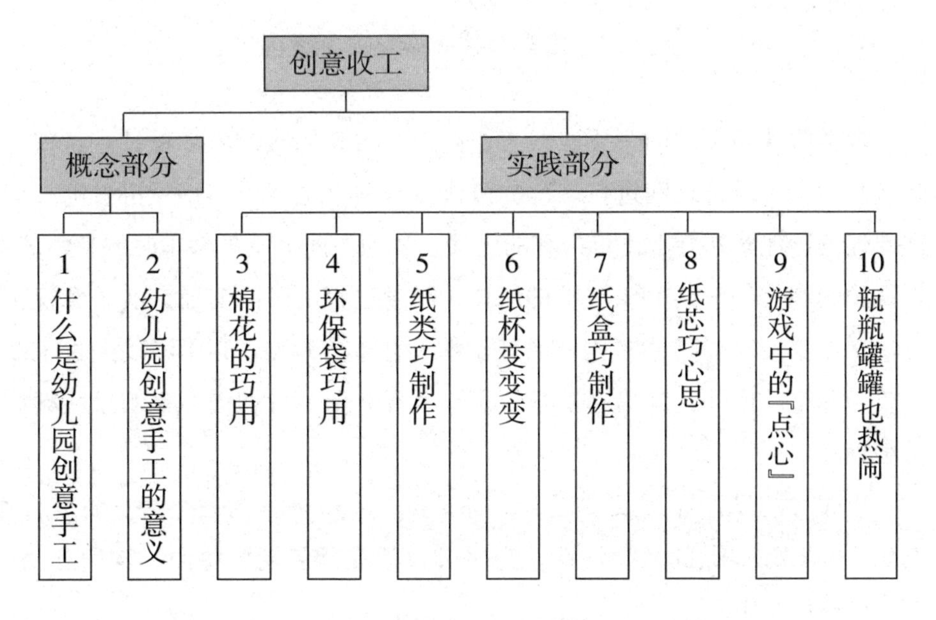

图 5-3　“幼儿园创意手工”课程的内容结构

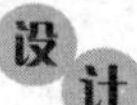

鉴于课程的性质及分解方法，各知识点之间并无紧密的逻辑关系，是一种弱连接的并行关系，这种关系增强了知识点网络的动态性和开放性。

（三）教学微视频的设计

1.设计的主要内容

根据教学微视频“心动”设计模型，本实践中教学微视频的设计主要从以下三个方面进行：①知识点内容；②教师在演播室中教学时的教学艺术；③视频属性、知识内容的表征与视觉呈现，如图 5–4 所示。

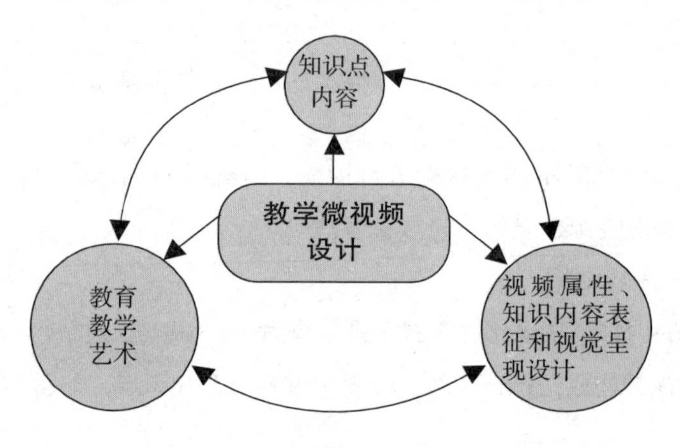

图 5–4　教学微视频设计的主要内容

教学微视频设计的主要实践工作有：①内容的有效教学设计。这需要团队成员与主讲教师之间进行多次的协作、沟通，主要内容是主讲教师如何根据课程设计理念和要求进行内容的设计、教师在演播室中教学时的教学艺术。②视频的制作，包括 PPT 讲稿的制作、教学过程讲解的演播室实录及视频的后期制作等。为提高 PPT 内容的教学性、艺术美观性，PPT 讲稿经过了多轮修改和调整。另外，为提高视频的视觉呈现效果，后期需要对实录视频进行再编辑。

在课程的设计和开发过程中，需要多方人员进行沟通交流、协商合作。例如，针对知识点的教学设计，与主讲教师进行多轮的协商、沟通和交流。部分交流意见如下。

“①缺乏创意手工的理论内容；视域不够开阔。②缺乏每一类创意背后的

深层道理，我认为这一门课不但要教给学生学会一些创意作品的手工制作，更要教会他们如何创意，所以道理要讲明白。③PPT 内容少了点。例，第一个 PPT1 中，可对“手工创意欣赏作品”分别展示，并有点评文字。还有作品的选择希望老师能够根据下面设定的章节主题选定作品，让学生有先入为主的感觉。第二个 PPT 表达意思不是很清楚。”——来自团队中刘老师的意见

“这一列内容是对章标题的分解，建议按照这样的结构来安排，如学习指导（这一主题的学习目标、重点难点、关键词……）、创意介绍（创意的原理、需用材料……由曹老师讲述）、制作要点（创意设计的要点提示……由曹老师讲述）、手工演示（视频、动画演示、模拟演示……由曹老师讲述，制作老师现场演示）、总结（手工制作的反思和总结……）”——来自团队中赵老师的意见

2.教学微视频设计过程

（1）视频属性特征

在确定了具体知识点内容之后，如何设计每一个知识点并制作成教学视频是非常重要的。根据认知心理学的注意力时长理论及基于内容分析法的教学微视频属性分析结论，本门课程教学微视频的属性特征如下。

①教学微视频时长在 15 分钟左右。

②主要的制作技术是在演播室对教学过程进行拍摄。

③课程内容的呈现形式是基于演播室录播系统的现场拍摄和 PPT 讲稿相结合的方式。

④教学方法是讲授法和操作演示法相结合的方式。

（2）采用“导入—主题内容展开—总结”的教学模式

教学微视频的教学过程采用“导入—主题内容展开—总结”的教学样式，具体通过“创意解读—手工演示—创意要点”来实现的，如图 5-5 所示。“创意解读”主要是通过展示以某种材料制作的富有创意的物品，说明基于材料的创造性活动。通过这些新颖的、富有创意的例子，吸引学习者的注意力和激发学习兴趣。主题内容的展开主要采用“手工演示”，即通过现场制作手工，演示如何利用材料进行创造性的活动，便于学习者掌握制作的要领，并

可将其在实践中应用。创意要点是指分析总结本讲内容的创意活动，从案例和实践操作中进行分析、总结。

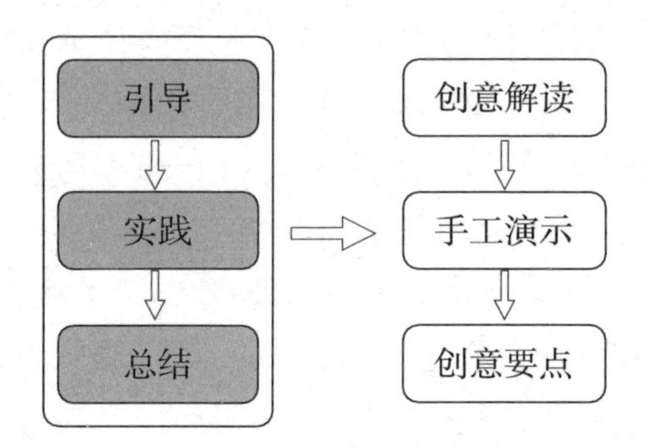

图 5-5 “幼儿园创意手工”教学过程模式

(3) 通过对知识内容的有效设计以促进学习者的心动学习

通过案例化的教学内容，促进学习者对知识内容的迁移。本课程并非仅是讲述创意的理论，而主要是通过 8 个现场演示操作的手工案例，说明基于不同材料的手工创意活动。而这些材料及手工制作的活动是与学习者的生活或工具紧密相关的，在学习这些知识内容后，学习者可以直接将其应用于实践中，或者能够以此类推、举一反三，促进知识内容的迁移和应用。

通过现场演示操作的方式，增加学习情境的真实性，减少知识内容的抽象性，激发学习者的学习动机。

每一讲的内容都包含一个现场操作的实践活动，来讲述和传递创意设计的表现形式。主讲教师采用了现场操作演示的方式，为学习视频内容的学习者提供了真实的学习情境。美国教育家埃德加·戴尔（Edgar Dale）的“经验之塔”理论，最顶层是语言符号，是最抽象的；最底层是“有目的的直接经验（做）”，是最具体的。可见，这一教学行为有效地实现了从抽象的语言符号走向具体的实践操作，消减了知识内容的抽象性。

“创意解读”的开场模式和“创意要点”的结尾方式能有效地吸引学习者的注意力和对知识要点的掌握。

在每一讲的开场，都通过提供生活中新颖的、极度吸引学习者眼球的各

种图片（如图 5–6 所示）展示创意的设计和制作实现，这种展示和解读案例的开场方式能有效地激发学习者的好奇心和探究的兴趣，提高学习的积极性。另外，通过分析总结的方式，帮助学习者梳理学习要点，掌握本讲的核心内容，加强学习者对内容的工作记忆。

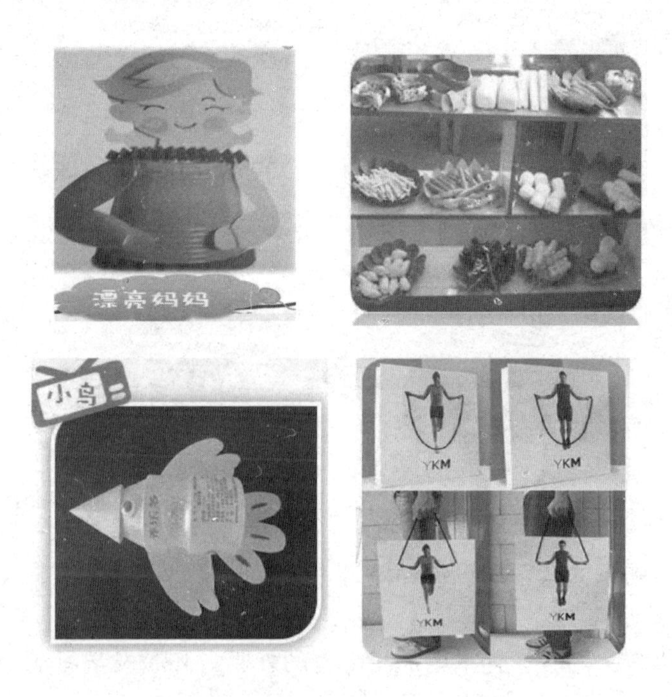

图 5–6　案例–创意的手工设计

（4）合理设计知识内容表征和视觉呈现

合理设计知识内容表征和视觉呈现，以减轻学习者的认知负荷和引起学习者注意和兴趣，促进学习者学习微视频。

本课程从展示知识内容的 PPT 讲稿，到视频拍摄时的构图及视频画面之间的转场等方面进行了具体设计和规划。在知识内容的呈现设计方面，也进行多轮次的修改。

在此过程中进行多次修改和调整，以减轻学习者的认知负荷，激发学习者的学习兴趣。在采用媒体符号元素表征知识内容的同时，适时的利用图片增强可视化效果，如图 5–7、图 5–8 所示。

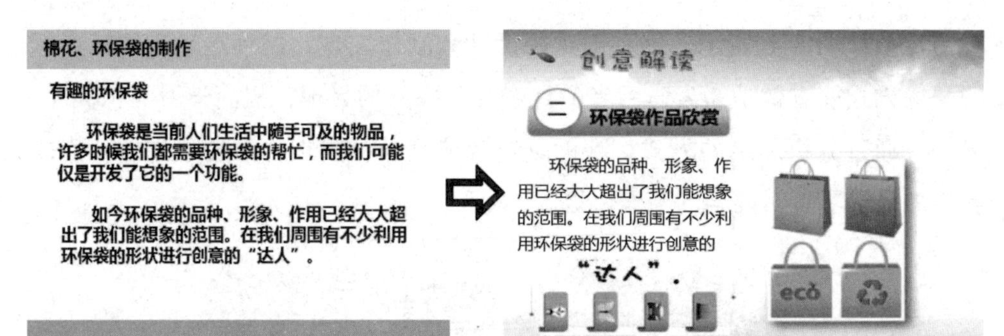

图 5–7　知识内容呈现设计的修订——案例"第三讲环保袋大变身"

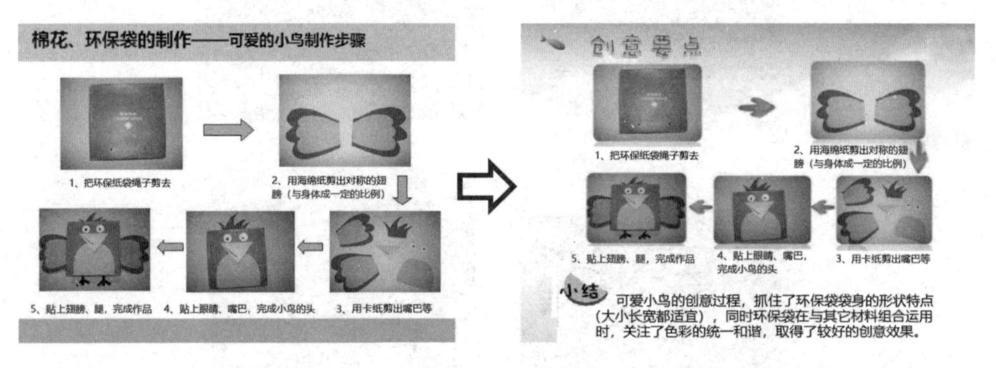

图 5–8　知识内容呈现设计的修订——案例"第三讲环保袋大变身"

(5) 采用教师的教学艺术增加学习者的外驱力和激发学习动机

由于教学过程模式明确清晰，主讲教师的教学思路非常清晰。本课程主讲教师是幼儿园的资深教师，教学经验丰富、教学情感饱满，教学的表演/现程度拿捏得当，着装得体，教学行为大方，在面向摄像头进行课程录制时没有表现出怯场和不自然，对此情景下的教学角色诠释得当。这一点在演播室面对摄像头进行教学时，是非常难得的。教师在讲述内容时的良好表现也是本课程内容的一大亮点。

二、实施及效果调查

本研究中，微视频课程内容设计的最终目标是提高学习者对微视频课程的学习兴趣和激发学习动机，促进学习者在碎片化学习时代的有意义学习。因此，在对"幼儿园创意手工"这门课程的内容进行设计后，通过调查学习者的学习情况，以了解微视频课程内容设计的合理性和有效性。

为此，在完成“幼儿园创意”手工课程的设计后，对此门课程进行了开发，并投入实际教学中进行使用。

（一）调查设计

①课程的使用对象：“幼儿园创意手工”这门课程作为华东师范大学网络教育学院 2012 级秋季学前教育专科的专业课，使用对象是所有学前专科的学生。这些学生遍布全国 11 个省，33 个学习中心，共有 800 余名学生。但由于是网上教学，并且学生分布在全国各地，实际收回问卷 319 份，有效问卷 319 份。使用对象(学习者）的基本信息情况如表 5–2 所示。学生分布于上海、浙江、四川、安徽、江苏、湖南、山西、云南、山东、甘肃、福建。

表 5–2　使用对象基本情况

类目	类别	比例 / %
性别	男	3.13
	女	96.87
年龄	18 岁以下	5.96
	19~30 岁	72.41
	31~40 岁	17.24
	41~50 岁	4.39
单位性质	幼儿园事业单位	69.59
	公司企业	11.29
	研究机构	0
	其他	19.12

②课程学习的时间和方式：此门课程投入实际教学应用的时间是从 2012 年 9 月至 2012 年 12 月。主要是远程教学，上海地区的学生实行远程教学和面授教学相结合的方式。

③调查方法：问卷调查法和访谈法。

④调查目的：从学习者使用经验的角度，评价课程内容设计的合理性和有效性。基于微视频课程内容设计的宗旨，设计的合理性和有效性的行为表

现是：第一，是否有利于激发学习者的学习动机和兴趣；第二，是否有利于提高学习发生的频率和机会；第三，是否有利于学习者有意义学习。

（二）分析与总结

由于此调查的前提是学习者能认真地学习和观看此门微视频课程的内容，即 10 个教学微视频，因此有必要对学习者学习与否的情况进行了解。经调查，86.52%的学生认真地学习了这些教学微视频。在学习这门课之前，经常使用过此类微视频课程的仅有 15.05%，还有 18.18%的学生没有使用过。

1.知识内容的设计情况及效果

（1）课程内容的选择情况

学习者对学习内容是否有兴趣直接影响着学习者的学习态度。通过调查发现，33.23%的学习者非常喜欢这门课程内容，54.23%的学习者比较喜欢，0.31%的学习者不喜欢。可见，绝大多数学习者对本学习内容还是感兴趣的。另外，18.8%的学习者认为课程内容非常能满足学习需求，49.5%的学习者认为比较能满足学习需求。大部分学习者对知识内容的可操作性是比较满意的，如图 5-9 所示。然而，在访谈中，也有学习者认为“课程内容偏少；手工的范围过广；操作演示的内容需要增加；在展示演示的内容时，如果能将镜头推近，将演示内容放大，将会看得更清楚；手工演示时，如果能有实时互动则更好”等。

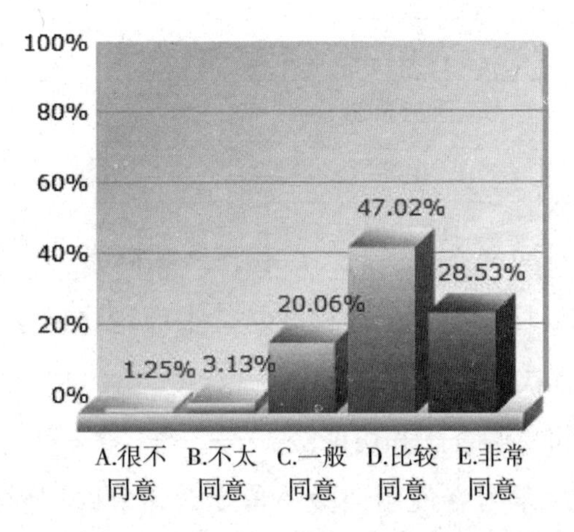

图5-9 知识内容具有可操作性

⑵ 知识内容的案例化设计情况

由于设计本课程内容的核心思想之一就是基于案例的学习，因此案例设计的合理与否至关重要。根据数据调查，学习者认为手工案例有利于对创意手工的理解（如图 5-10 所示），然而，从整门课程的学习来看，课程案例的代表性有待提高，学习者对案例代表性有一定的质疑，如图 5-11 所示。

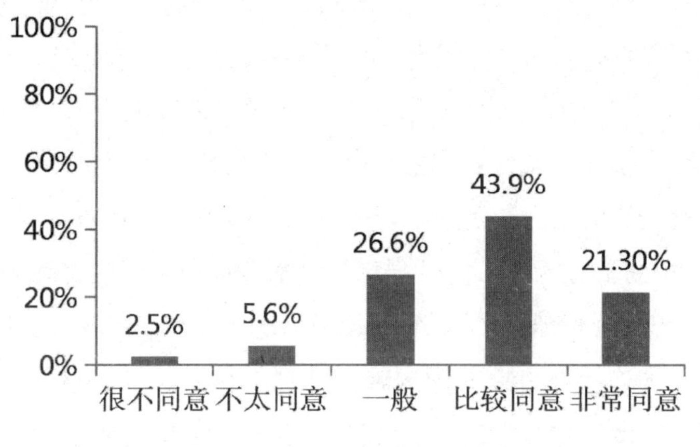

图 5-10　案例有利于对创意手工的理解

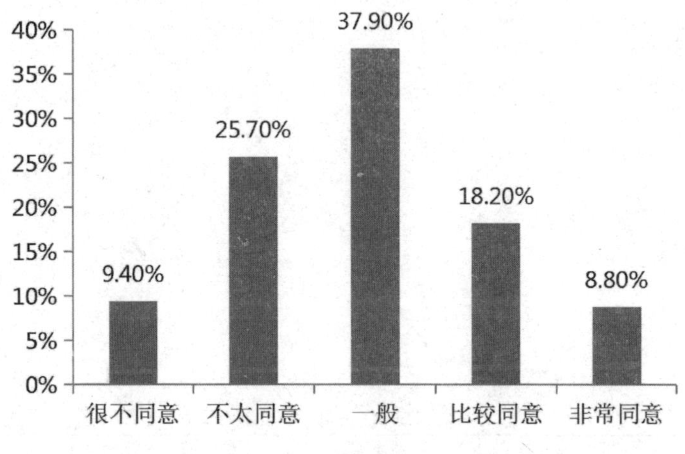

图 5-11　手工案例具有代表性

知识内容的真实性直接影响学习者的学习动机，尤其是对成人学习者。在问卷调查中，关于课程内容与日常生活中的创意手工之间的联系紧密性，

25.1%的学习者非常认同，52.7%的学习者比较认同，可见，知识内容的选择是与主题的日常应用紧密相关的。另外，本课程的每个微视频内容结构都是采用创意解读—操作演示—创意要点这种模式，学习者基本认同这种方式有利于掌握知识内容要点（8.2%的学习者非常同意，46.4%的学习者比较同意）。

⑶ 内容设计对学习者的影响效果

在确定了各章的主要内容后，章节标题制定也是经过反复斟酌和修饰的。经调查发现，各章节标题的制定对学习者的学习也产生一定影响。21%的学习者非常同意“标题有意思，使她有兴趣进一步学习视频内容”，49.8%的学习者比较同意。案例化和真实化的内容，以及内容结构对学习也产生直接影响。例如，对于所提供的案例在激发学习者的学习兴趣方面，15.7%的学习者表示非常同意，47.3%的学习者表示比较同意。大部分学习者认为课程内容与生活的连接有利于知识内容的学习（如图5–12 所示），其中，53.9%的学习者认为知识内容与生活的连接性直接地影响着对课程内容的学习兴趣及知识内容的实际应用。另外，课程内容中的“创意解读”部分能有效地吸引学习者的注意力，如图 5–13 所示。55.5%的学习者认为“创意解读—操作演示—创意要点”这种内容结果形式，能激发学习兴趣。

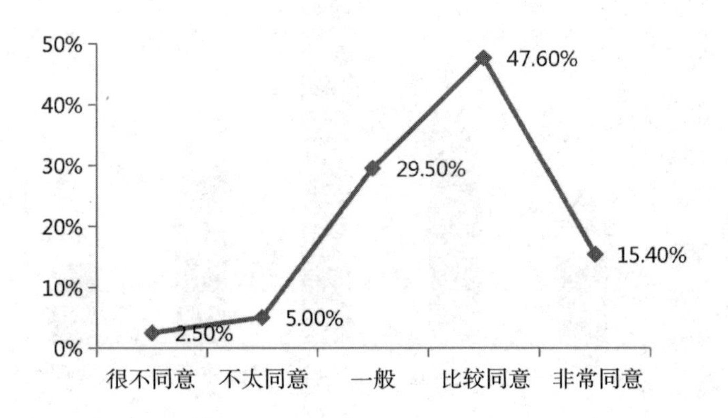

图 5–12　课程内容与实际生活的连接有利于对知识内容的学习

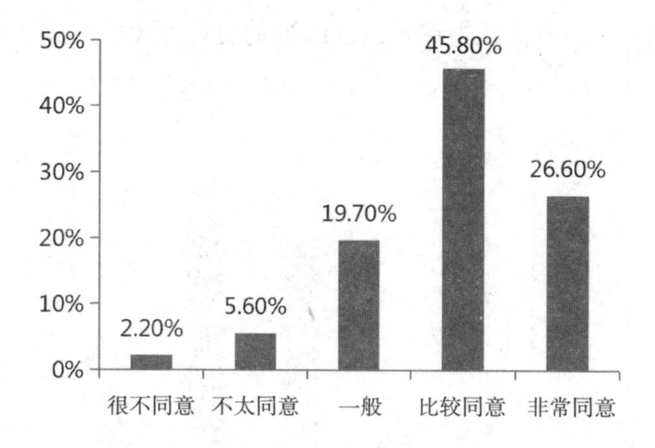

图 5–13　“创意解读”能有效地吸引我的学习注意力

在学习完课程内容后，学习者基本认为有明显收获，如图 5–14 所示。其中，18.5%的学习者认为在创意手工的技能方面有很大的提高，66.14%的学习者认为有一定提高。40.4%的学习者对自我的学习满意，具有较强的学习满足感。

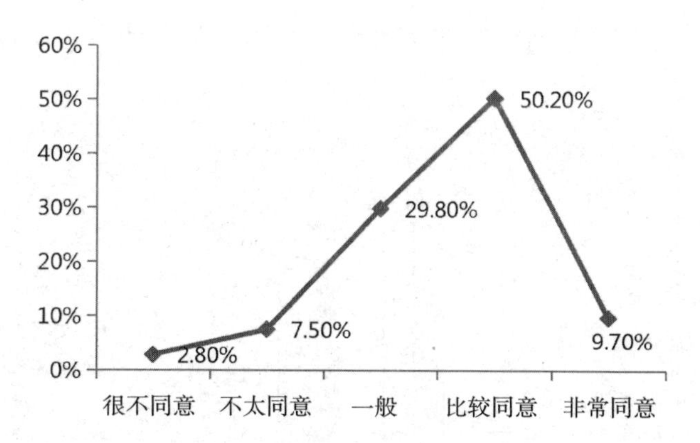

图 5–14　学习完课程内容有明显的学习收获

对于这种微型的视频内容，学习者也明显地体会到它的优点。相比于传统的长视频，33.86%的学习者非常认同微视频的学习比较轻松，46.4%的学习者较为认同。61.4%的学习者认为这种短小视频能增加学习的机会。

2.视频的设计情况及效果

视频的呈现内容直接影响着学习者对知识内容的理解。2%的学习者认为

比较合理。42%的学习者认为视频画面的视觉美观性比较好，如图 5–15 所示。其中，29.7%的学习者认为视频中画面组接和切换非常合理。

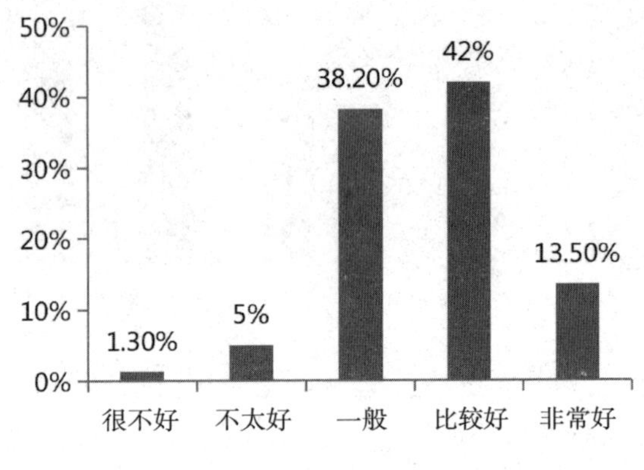

图 5–15 视频画面的视觉美观性

视频画面的色彩设计方面，15%的学习者非常满意，43.9%的学习者比较满意。其中视频画面中的文字大小、字体行距直接影响着画面的美观性。从调查数据来看，视频画面中的文字大小及字体行距设计还比较合理，如图 5–16 所示。

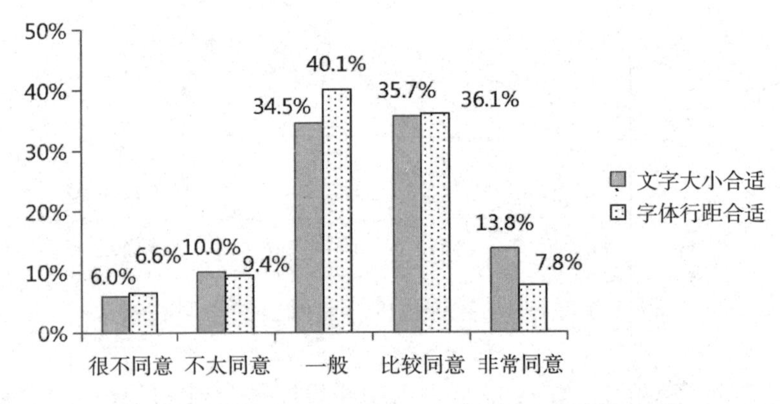

图 5–16　视频中文字大小与字体行距的合理性

视频的设计也直接影响着学习者的学习动机。53.3%的学习者认为视频内容的呈现合理与否影响着学习的积极性。例如，视频画面的色彩、字体都对学习者的学习兴趣产生影响（如图 5–17 所示）。在访谈中，也有学习者认为

“视频内容给人的画面感官性非常重要，尤其是在呈现知识内容时，如果太多的文字，根本就来不及看。如果文字内容的呈现能让人有赏心悦目的感觉，那就更好了。再配点图什么的。……视频的背景页面太单调了”。

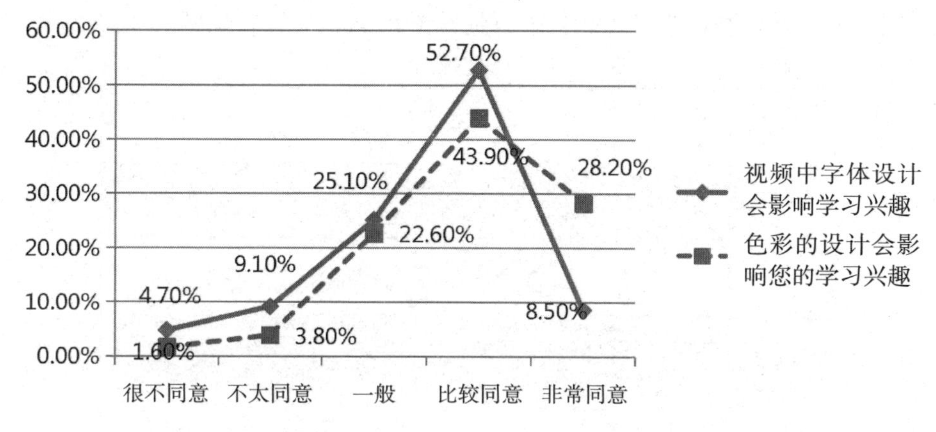

图 5–17　视频中字体与色彩设计对学习兴趣的影响调查

通过对整门课程的学习，相对于 PPT 讲义，83%的学习者还是更愿意看视频类课程。相对于长视频，82.4%的学习者更愿意学习这种微视频，66.2%的学习者认为这种短小视频的学习，可以不受时间限制。如图 5–18 所示，其中，在提到对于此类视频内容时长的倾向性时，54.86%的学习者认为 11~15 分钟合适，15.99%的学习者认为 16~25 分钟合适，25.08%的学习者认为 6~10 分钟合适。从时长倾向性，亦可一定程度上反映出学习者的集中注意力时长。

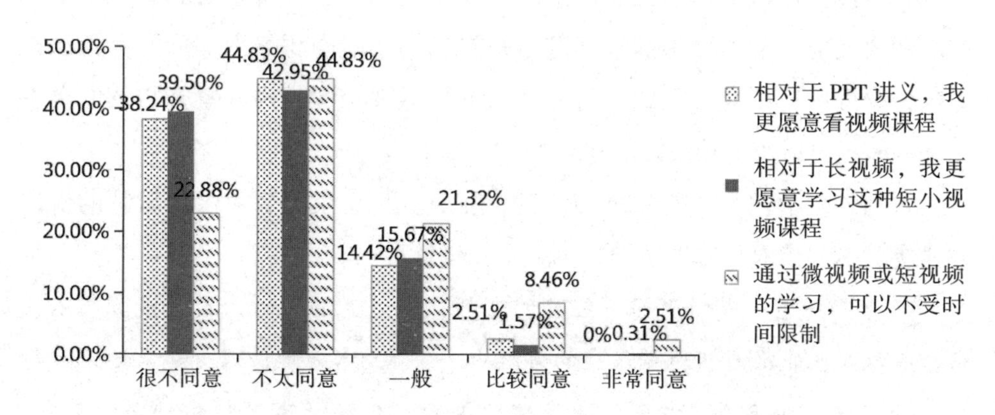

图 5–18　基于微视频的学习态度和看法况

与长视频（一般约 50 分钟左右）相比，这种教学微视频在学习中有着多种优势，如 71.79%的学习者认为可以利用零碎的时间学习教学微视频，62.07%的学习者认为有利于随时随地学习，53.29%的学习者认为知识内容更清晰简单，50.47%的学习者认为可以提高学习的积极性，如图 5–19 所示。

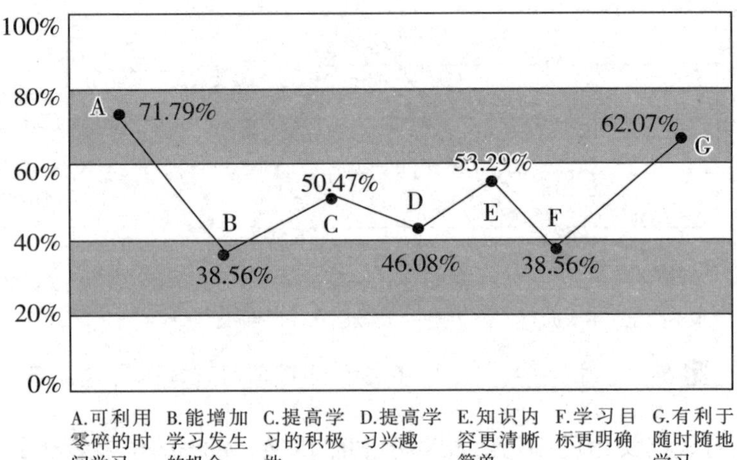

图 5–19　基于微视频学习的优势

3.教师的教学艺术

尽管在课程内容的设计与录制之前，已多次跟主讲教师就演播室中讲课的方法与风格进行沟通，在具体实践操作中，仍有较多因素是非研究者所能控制和改变的，毕竟教师的教学艺术是在长期实践中积累而形成的，无法在一朝一夕内进行改变。因此，研究者只能尽量在与课程内容紧密相依的讲课方法方面提出适当干预策略和建议。

教师的教学艺术主要通过访谈调查完成。尽管学习者对主讲教师的讲课方式褒贬不一，但总体来说，学生还是比较认可的。

“X老师一看就是讲课很有经验的老师，见过大场面的，面对摄像头不怯场，所以我也能很自然地融入她的讲解中……”“X老师讲课听起来还比较舒服，没有什么距离感，尽管没有真实地见面，但还是有面对面讲课的感觉，除了无法进行现场对话……”“X老师还是蛮有亲和力的，看起来很温柔，声

音也好听，讲得比较自然……”“因为我在公司工作，之前没有接触过学前教育的内容，现在也没有机会真实地感受幼儿园教学场景，这门课程中有手工制作的案例，如果老师能够‘现场说法’，在讲解内容的同时，多多体现一下如何给小朋友上课，那就更好了……”“X老师讲得太简单了，而且讲课方式没什么活力，有点呆板……”

从访谈中发现，一些没有幼儿园工作经验的学习者更希望通过主讲教师的讲解方式了解幼儿园的教学方式，一些有幼儿园工作经验的学习者认为主讲教师讲得太简单，新颖性不够。但对于主讲老师面对摄像头的“表演”技术还是比较认可，尽管教师是面向摄像头讲课，但其讲课语气和讲课思维能有效地拉近与学习者的心理空间，使学习者比较自然地融入教学情境。

4.基于教学微视频的学习方式

由于本研究中的研究假设是教学微视频可作为碎片化学习的适宜资源，因此，本调查中也对学习者学习这门课程的方式进行了调查。其中，74%的学习者认为，教学微视频这种资源有利于他利用零散的时间学习，63.9%的学习者愿意用手机或 Pad 等移动终端学习这类资源，79%的学习者愿意利用碎片化的、零散的时间学习这类资源。在这门课程内容的学习中，近 90%的学习者是利用零散的、碎片化的时间学习，这的确符合成人学习者的学习特征。近 80%的学习者会用手机或 Pad 等移动终端进行学习，如图 5-20 所示。对于学习的自我满足感调查，有 16%的学习者认为非常好，29.9%的学习者认为比较好。

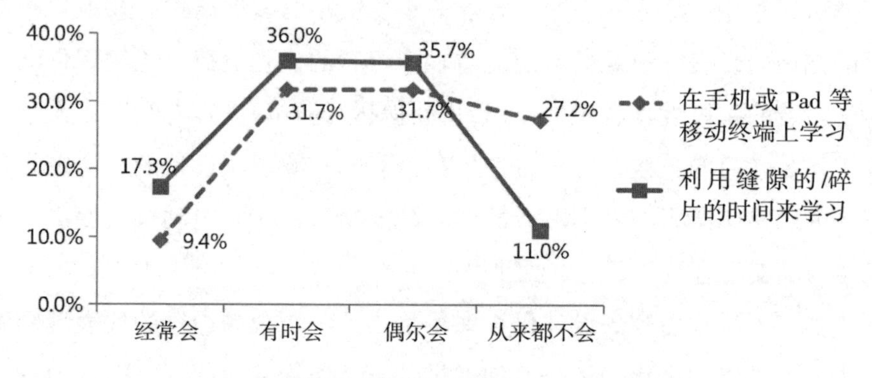

图 5-20　基于教学微视频的学习方式调查

在访谈中学习者普遍都认为这种教学微视频因为时长比传统视频短，学习时更方便，“平时上班、生活太忙了，很难坐下来1个小时专心地学习，现在的这个视频挺好的，虽然时间短点，但用于学习的时间要多些……”“可以利用小空挡时间学习一个教学微视频，这样既不会觉得学习疲劳、耗时，也不耽搁做工作，让我觉得学习比较轻松……”“相对于别的课程，这门课程的视频时长较短，可以每次学完一个完整的视频，那些长的视频在没有学完时，还得记录学到了哪里，下次打开时还得等待视频缓冲，挺麻烦的，碰到这样的情况，有时候就不想学了”……由此可见，学习者对于教学微视频的时长短、学习活动短小化，能用于零散时间的学习等优势是很认可的。

另外，在对利用移动智能终端学习教学微视频的访谈中，有学习者认为“手机速度太慢，屏幕太小，清晰度不够，而课程界面太复杂，学习起来不太方便”“如果这些课程能开通移动平台就更好了，这样会看的更清楚，如果课程界面的功能没那么复杂，操作起来也会比较方便”“我更喜欢利用手机学习一些休闲娱乐类的知识”……因为此课程主要面向于 PC 平台开发的，所以学习者尽管会利用移动终端进行学习，但不是很方便，学习者利用智能终端学习时更倾向于基于移动学习平台开发的资源。

5.总结

通过实证调查，主要进行以下结论：①教学微视频可使成人学习者利用零碎的时间学习，它是一种适需的碎片化学习资源；②知识容量较大的教学微视频可以采用“导入—主题内容展开—总结”的教学模式；③视频中使用恰当的知识内容表征和视觉呈现能减轻学习者的认知负荷；④案例化学习内容对学习者的积极性具有促进作用；⑤真实性的知识内容有利于成人学习者建立工作与学习的连接，对学习产生积极影响；⑥视频设计的内容以及其对学习者的感官刺激影响着学习者的“心动”学习；⑦学习动机是促进学习者心动学习和实现有效学习的重要前提条件之一。

当然，本课程内容的设计仍存在不足之处。①视频内容的代表性受到质疑。内容并不能完全代表手工的创意设计。②作为专业课程，课程容量不能很好地满足学习者需求。内容较少，学习量不够。③选择的内容是否完整的

诠释主题核心受到质疑。例如，本文的主题创意手工通过手工案例的操作演示、以及对案例的解读能在一定程度上反映创意要点，但作为一门专业课，其内容并不能全面地、结构化地、系统化地反映“手工创意”。④理论研究成果因一些客观原因，无法完整的在实践中进行实证。课程的设计与开发是需要项目成员与主讲教师协商共同完成的。因此，在课程内容设计的实践中，有较多因素是研究人员无法控制。

另外，在实证调查中，由于本研究的研究方法特殊性和一些客观原因而存在一些遗憾。由于《幼儿园创意手工》是面向网络学院一年级新生所开设的新课程，至于课程内容设计的有效性及在实践应用中的迁移作用暂无法验证，尚需后续跟踪，这也是本次实验研究有待补充和完善之处。

第三节　微视频课程内容的二次设计实践

本实践研究试图通过设计研究的方法，通过项目的实施、检验和改善微视频课程内容设计的要点及实践过程中存在的问题。但是，由于微视频课程性质的特殊性，即其课程内容的主体是教学微视频，难以再对课程进行二次讲解和拍摄，并重新投入使用。考虑到这一客观原因，本研究的第二轮实验是基于第一轮实验调查结果的反馈而进行第二个课程案例的设计。

一、课程案例的选取

本次实践案例选用《大学语文》这门课程，在第一个案例课程的学习反馈中，在课程内容方面普遍反应的问题是内容容量少、内容相对简单、内容不足以代表整门课程内容等。因此，《大学语文》这门课程在内容容量及内容结构上有所改进。另外，《大学语文》作为文学修养类的课程，其受众面较广。与《幼儿园创意手工》的实践性和动手性相比，《大学语文》这门课程更具有代表性，动手实践类课程相对还是较少。

二、课程内容的设计

（一）课程内容分解的原则

本课程是华东师范大学网络教育学院 2013 级秋季学生的公共课，学习时间是2013年9月至2013年12月。课程目标是以提升学生的人文素养为宗旨，避免传统为“学习课文而学习”的弊端，通过名篇、名作的精读和研讨相结合的方式，使学习者了解古今中外的文学、历史、哲学，并引发阅读兴趣，培养学习习惯，提高文学艺术的审美能力和人文素养。

因此，在分解和组织课程内容时遵循以下原则。①内容的全面性。在内容选取范围广泛的前提下，课程内容从主题内容的朝代、文体、作者等方面都尽可能兼顾。②内容的代表性。所选择的章节内容都应具有时代特色、具有代表性。③内容结构的合理性。研读和赏析二者并重和结合。先“读”后“赏”，以“赏”促“读”。④课程内容的可重组和可重用性。本门课程是文学修养类课程，其受众面较广。从资源建设角度，尽量考虑课程内容的可移植性和可重用性，因此在分解和组织课程时是基于知识点设计，每个教学视频都是意义完整且相对独立的，可以在多个场景下应用。例如教学微视频可作为远程教育的学历课程、校园文学修养和素质拓展课程等。

（二）分解过程和课程的内容结构

1.课程分解过程

在课程内容范围之广、灵活性较大的情况下，本课程内容的选择和划分主要是以内容的出处、朝代及文体为依据。其主要分为古代和现代两个阶段，其中文体包括文言文、诗歌、小说。总体来说，课程内容之间无严密的逻辑性，因此，在对课程内容分解时采用归类分析法。依据内容的年代和文体分解和组织课程内容。

基于《大学语文》的课程目标和设计原则，结合课程的考核要求，将课程内容分为11个主题章节。每个主题章节又包含2~3个知识点内容，如表5–3所示。

表 5-3　《大学语文》内容的分解

主题	主要内容	学习目标
《季氏将伐颛臾》与《论语》的魅力	第一节 《论语》、孔子与儒家的“礼乐文明” 第二节 《季氏将伐颛臾》导读 第三节 《论语》的名句名篇举例	通过精读《季氏将伐颛臾》，了解《论语》的基本常识及其文化史意义
《秋水》篇与《庄子》的哲学宗旨	第一节 “老庄”道教哲学对中国文化的影响 第二节 《秋水》篇精读与鉴赏	通过《秋水》篇的精读，体悟《庄子》博大精深的哲学意蕴
《谏逐客书》与政论文的逻辑力量	第一节 李斯、秦始皇与“大一统” 第二节 《谏逐客书》的背景 第三节 《谏逐客书》的精义所在	通过精读《谏逐客书》，认识李斯其人，了解政论文的逻辑力量和说服水平
《诗经·蒹葭》与上古诗歌创作	第一节 《诗经》与上古诗歌创作 第二节 《蒹葭》美在哪	精读《蒹葭》，了解中国诗歌的源头之一《诗经》
开启盛唐之音：张若虚与《春江花月夜》	第一节 张若虚与《春江花月夜》 第二节 张若虚《春江花月夜》的理解与欣赏 第三节 开启盛唐之音的《春江花月夜》	欣赏唐诗，并通过张若虚的《春江花月夜》了解盛唐诗歌的发展过程
天才诗人李白：以《宣州谢朓楼饯别校书叔云》的精读为例	第一节 李白其人 第二节 李白的诗歌 第三节 《宣州谢朓楼饯别校书叔云》的理解与欣赏	了解伟大诗人李白，欣赏其重要作品
胡适与《容忍与自由》导读	第一节 胡适其人 第二节 胡适和他的自由主义 第三节 《容忍与自由》的撰写与争议	通过《容忍与自由》的学习和背诵，了解“五四”新文化运动中的胡适、鲁迅等旗帜人物和台湾时期的民主自由运动
永恒的鲁迅与《中国人失掉自信力吗》	第一节 鲁迅其人与他那个时代 第二节 《中国失掉自信力了吗》解读	通过《中国人失掉自信力了吗》的阅读，了解鲁迅，认识真实的鲁迅
蒲松龄与《聊斋志异·婴宁》	第一节 蒲松龄与《聊斋志异》 第二节 《婴宁》篇导读	通过蒲松龄的文言小说《婴宁》了解《聊斋志异》这部伟大的小说作品
老舍与《断魂枪》	第一节 老舍其人及其作品 第二节 老舍的《断魂枪》	通过《断魂枪》了解语言大师老舍及其重要作品
写作指导	第一节 审题 第二节 立意 第三节 写作与应试技巧	辅导如何写应试作文及写作的本质与方法

2.课程的内容结构

本课程内容的结构采用三级式，即“课程—主题—知识点”的结构，具体内容如图 5–21 所示。

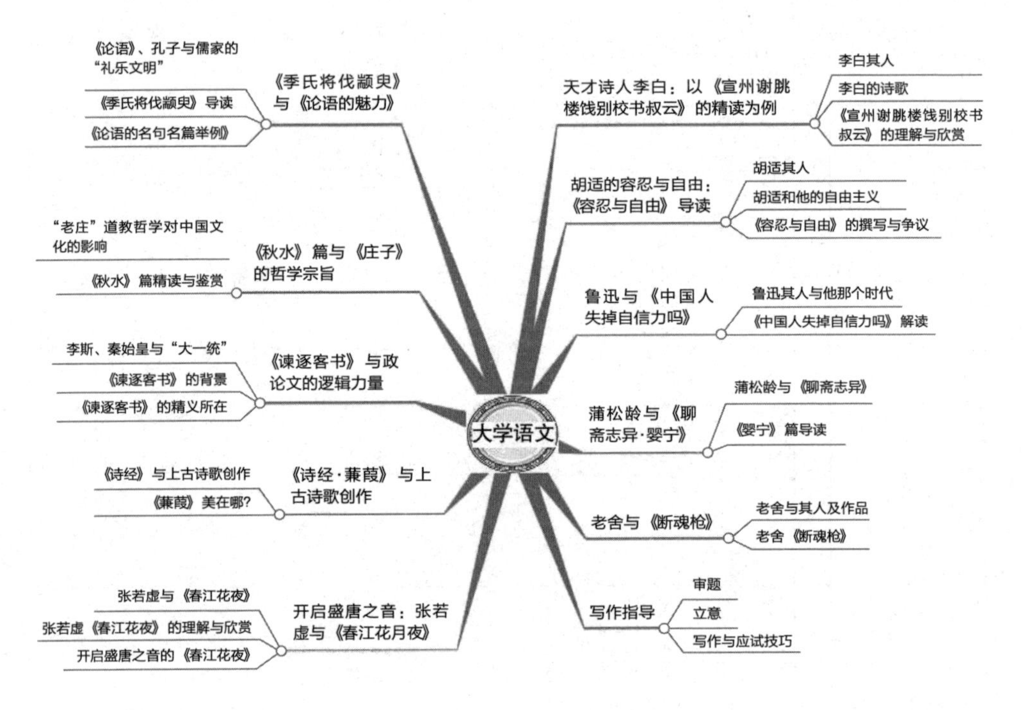

图 5–21 《大学语文》课程内容的结构

（三）教学微视频的设计

在分解和确定课程内容主体后，对每个章节知识点的设计是关键。教学微视频的设计与知识内容性质是紧密相关的。第一个案例课程《幼儿园创意手工》的实践性和操作性较强，因此，在微视频内容设计时主要采用案例演示法，以便直观地呈现知识内容，促进对主题内容的理解。而《大学语文》这门课程内容性质不同，教师一般主要采用讲授法，即通过直叙的方式进行教学。因此，在第一个案例的基础上，在以下方面进行了重点设计。

(1) 故事化的内容设计和讲解方式

故事是本课程内容的核心，可以说，故事贯穿在每一个知识点中。为使

抽象的思想具体化，故事是非常有效的方式。例如，在庄子其人与《庄子》课程设计中，为阐述庄子的追求逍遥之境，要获得绝对的自由，反对一切物化和世俗牵累的思想，设计了“楚威王聘请庄子”这一故事进行具象论述。另外，故事是激活原有知识、串连知识点内容的载体。

(2) 知识内容的情境化切入和渲染

教师在讲解内容时，利用各种支持性资源以引导学习者“入境”学习，利用电影电视片段、音乐、纪录片、采访片段等内容适时地帮助学习者理解知识内容，激发学习者的学习兴趣。例如，在讲鲁迅时，利用凤凰卫视纪录片《真实的鲁迅》片段、凤凰《李敖有话说》对鲁迅的评价，以帮助学习者了解人们心中的鲁迅。在讲《聊斋志异》中的《婴宁》时，选用电视剧《聊斋志异》中婴宁片段，通过具体的人物形象、对话解读课程中的抽象人物。

(3) 可重组的知识点内容

由于每章内容的每一节都是独立的，并且内容构成几乎是以人物介绍/剖析—作品讲解—赏析的模式，因此，从课程建设的角度，完全可以从每一章中选取一部分内容，进行重新组合连接，以形成具有不同教学目标和考核要求的新课程。

(4) 共情感的授课思维

主讲教师惯用的“自问自答”式共情感授课思维是其讲课的重要特色，也是他备受欢迎的重要原因。在讲解过程中，主讲教师善于以学习者的思维进行质疑并提出问题。例如，在讲张若虚的《春江花月夜》时，教师采用问答式引出对张若虚的人物解读，如“张若虚这首《春江花月夜》大概很多人都熟悉，其中的名句，多少都能背上一句两句，但对这首诗而言，还远远不够，因为他太‘绝’了。为什么‘绝’呢？清末……他曾经说张若虚这首诗‘孤篇横绝，竟为大家’……就凭这一首，在诗歌史上就成了著名的大诗人。我们现在很难想象，一个人只凭一首诗、一篇小说就成名的，但唐代的张若虚做到了‘孤篇压全唐’。另外，闻一多在……说：‘这是诗中的诗，顶峰上的顶峰。’”

由于《大学语文》这门课程正处于学习，课程未结束，所以因某些客观原因，无法及时对其设计效果进行评价，这也是本课程后续的研究工作之一。

第四节　实践反思与总结

本实践研究的工作主要分为两部分：第一，在理论研究的指导下，设计微视频课程案例，其中包括课程的内容分解设计和每个教学微视频的设计；第二，将课程内容投入实践应用，检验课程内容设计的合理性和设计策略的有效性。通过反思课程内容的设计与实施的实践活动，进行如下总结。

1.归类分析法是有效的课程内容分解与组织的方法之一

采用归类分析法的前提是课程内容没有严密的知识结构逻辑，其实施方法可以是基于知识专题的教学。课程内容的分解设计是微视频课程内容设计的重要且棘手的工作。在本实践研究中，所设计的两门课程从课程性质、面向对象、课程容量、教学方法等方面都各具代表性，但因为这两门课程的结构逻辑性并不十分严密，知识点之间是处于弱连接的并行关系，因此，在对课程内容分解时，归类分析法是常用且有效的方法。然而，从《幼儿园创意手工》课程的调查结果看，学习者对课程中所举案例的代表性及主题内容的完整性产生一定质疑和异议，由此可见，这种无严密结构逻辑的课程在进行内容分解时，貌似灵活性较强、设计难度较低，然而，其内容是否能有效促进学习目标的实现是值得设计者深思和注意的。

2.围绕关键词的知识点设计是对课程内容进行微观设计的重要方法

知识内容容量与教学微视频的时长是相关的，根据时长特点，教学微视频的内容粒度逐渐变小，从传统视频的主题化和模块化逐渐走向知识化、粒度化。例如，《幼儿园创意手工》课程采用手工材料属性作为关键词而展开知识点教学，《大学语文》课程则以朝代和人物代表为核心关键词。

3.知识内容的有效设计影响学习者的学习动机和“心动”学习

有效的知识内容设计和适合教学情境的教学方法是跨越师生的心理障碍、克服利用视频进行自主学习的弊端、使视频资源获得新生命、激发学习动机的重要途径。例如，《幼儿园创意手工》课程的内容与学习者工作是相关的，

是具有真实性、情境性及实践操作性的，这可以满足学习者对内容的切需性，提高学习者自信心和满意度。

4.教师的教学艺术对于学习者的“心动”学习具有影响

在无真实的、面对面的师生互动时，教学的教学艺术尤显重要。共情感的授课思维可以跨越师生的心理障碍，故事感的教学方式可以激发学习者的学习动机等。

5.知识内容的表征设计与视觉呈现设计对学习者的学习效果产生影响

从对课程内容的设计与学习的调查结果看，视频作为一种多媒体，知识内容的表征方式及视频的视觉呈现效果会为学习者带来最直接的感官刺激，影响着学习者的外部注意，它可以作为设计学习者被动注意力的重要方法。

6.知识容量较大的教学微视频可以采用“导入—主题内容展开—总结”的教学模式

它符合学习者的“首因—近因”的规律，使学习者对知识内容有着整体了解，从而激发学习者的学习动机。

7.在实际教学中，微视频课程的内容设计及开发并非完全由设计者控制的

其资源属性决定着它会受到诸多外界因素的影响。由于微视频课程内容与知识内容、教师的教学艺术、视频设计均相关。因此，微视频课程内容的质量与三者是密切相关、缺一不可的。然而，教师的教学艺术与主讲教师直接相关，在进行实际沟通协商时，因受外在客观条件限制，某些影响因素是设计者无法控制和预先设计的。

结 语

一、研究结论

通过对微视频课程内容设计的理论建构和实践应用的分析和总结，本文针对“面向碎片化学习时代微视频课程的内容设计“这一研究主题，形成了以下主要结论。

第一，碎片化学习内涵表现在外显的学习行为和内显的学习认知两个层面，其具体表现是学习时间零散和学习空间无缝融合、学习内容零碎化和微型化、学习媒体多样化和微型化、学习行为不连续性和多样性、学习形式灵活便捷性、学习思维跳跃性和注意力碎片化。微视频课程作为时代发展的新课程形态，其内涵和特征符合碎片化学习的需求，符合碎片化学习时代的学习内容需求。

第二，基于知识点的设计是微视频课程内容设计的重要微观设计方法。根据教学微视频的时长特点及确保每个教学微视频的意义完整性，基于知识点的设计是符合教学微视频的微观设计理念的。知识点的设计可以是围绕课程关键词而展开的，如课程中的核心概念、重要理论等。

第三，通过基于内容分析法对当前国内外代表性的教学微视频进行的抽样统计与分析，发现当前教学微视频的时长在5~10分钟所占比例最高，时长基本控制在20分钟以内。教学微视频的时长并未与学科门类产生显著的相关性，它是与知识点粒度和知识容量是相关的。另外，知识内容性质对制作方式和讲授方法有一定的影响。实践技能类内容主要采用操作演示法、利用摄像机录拍教学过程，如生活休闲类知识。事实类、概念类知识的视频主要采用以语言传递为主的讲授法。

第四，微视频课程的内容是由若干个教学微视频按照教学目标和教学策略，由某种结构顺序所构成的。因此，微视频课程的内容设计主要是从宏观层面的课程的内容分解与组织和微观层面的教学微视频进行设计的。从课程的宏观层面，微视频课程的内容分解设计方法有归类分析法、解释结构模型法和层级分析法；同时通过描述知识点的本体元数据模型促进知识内容关联的知识点建模。从课程的微观层面，其主要是指教学微视频的设计，即对教学微视频的知识内容、教师的教学艺术和视频表征进行设计。

第五，教学微视频的“心动”设计是主要探讨学习者在观看视频进行学习时，在显性互动缺失的情况下所进行的隐形互动设计——“心动”设计。尽管本研究中“心动”设计被归入“动机设计”（motivation design），但更注重内容的创意设计对动机的影响，即通过设计创意性的、科学合理的教学微视频，激发学习动机而进行心动学习。根据S-M-C-R传播模式，影响学习者学习教学微视频的因素主要是知识内容、教师、视频媒体。因此，教学微视频的“心动”设计主要是基于S-M-C-R传播模式和Keller的ARCS动机模型，对教学微视频的知识内容、教师的教学艺术和视频表征这三个方面进行设计。

第六，根据学习刺激的“首因-近因”的规律，知识容量较大的教学微视频可以采用“导入—主题内容展开—总结”的教学样式，使学习者对知识内容有着整体框架。基于短时注意力的规律，通过设计有效的教学开场白导入策略，以激发学习者的学习动机。

二、研究创新

本研究的创新之处主要体现在以下几方面。

第一，从教育、心理、技术、艺术和社会的视角，从宏观的课程内容结构层面和微观的教学微视频层面提出了微视频课程的内容设计框架，即微视频课程的内容设计主要是课程的内容分解设计和教学微视频设计。其中，在进行微视频课程的内容分解设计时，既要考虑内容的分解，又要考虑分解后教学微视频的意义完整性、可重用性和关联性。微视频课程的内容分解主要是基于教学目标和学习者特征分析，采用归类分析法、解释结构模型法和层级分析法进行课程内容的分解。为实现课程内容的意义完整、可重用和关联，对课程内容的知识点进行本体元数据建模。

第二，提出了教学微视频的心动设计模型。

从 SMCR 传播模式的视角对教学微视频的影响要素进行分析，认为影响教学微视频的要素有知识内容、教师和视频媒体。因此，基于 ARCS 动机模型和 SMCR 传播模式，对教学微视频的知识内容、教师的教学艺术和视频表征三个方面进行设计，从而提出促进学习者心动的设计策略。

第三，根据微视频属性特点，从内容、方法、教学过程的顺序结构和教学策略三个维度提出了教学微视频的设计样式。在实际的教学微视频设计和应用情境中，可以借鉴本研究中设计样式的解决方法以进行教学微视频的设计，为设计者和制作者提供借鉴。

三、后续研究

本研究重点关注微视频课程内容的设计，即如何组织微视频课程的内容及对教学微视频的设计。基于此研究可进行以下后续研究。

第一，教学微视频设计策略有效性的后续实证研究。本研究旨在通过设计研究的方法进行设计策略的研究，然而由于课程的设计与开发周期较长，且适用对象均为远程教育的成人学习者，因此在对设计策略应用于实践案例的设计应用后，难以对其设计的有效性进行对比试验研究。在后续研究中会继续创造实践条件进行设计策略的实证研究。

第二，微视频课程的实践应用模式研究。本研究主要关注微视频课程的内容，对于微视频课程的教与学活动、评价等需要进一步研究。尤其在当前以“翻转课堂”为代表的教育改革中，如何有效地设计微视频课程；如何设计微视频课程的应用模式，将其与传统课堂教学相得益彰从而发挥其在教育各领域各阶层的最大应用价值均是本研究的后续研究。

第三，构建教学微视频的学习环境空间研究。在大数据时代的学习分析技术深入发展及应用的背景下，如何构建教学微视频的应用平台，为学习者构建个人学习环境从而更好地发挥教学微视频的优势是具有实际应用价值的。

第四，从语义的视角分析和研究教学微视频的表征设计。从关注视频物理结构的底层语义视角，可进行视频序列的表征研究。从关注教学内容、情境和教学行为的中高层语义视角，可对知识内容、学习情境和行为进行元数据标签设计的研究。

附录1

可汗学院案例

课程内容 1：《矢量和标量的介绍》

在这个视频中，我想做的是讨论一下矢量和标量之间的区别。虽然它们听起来可能像是很复杂的概念，但是我们通过学习这门课程的视频可以看出事实上它们是非常简单的概念。那么首先我将给出一点定义然后我将给出一系列的示例，我想这些示例将会极大程度地说明问题。希望它们将会极大程度地说明问题。

矢量是一个拥有量值的东西，或者说你可以将它看作大小，它有方向。标量只有量值或者大小。如果你还是不明白，在我给你看个示例后，希望它能够立刻使你明白。例如，我们说这儿就是地面，我使用一个更贴近地面的颜色画一下地面，在这儿，这是绿色，我们说，在这儿我有一个砖块，地面上有一个砖块，我拿起这个砖块，并且将它移动到这儿的这个地方。我将砖块移动到这儿，然后我拿出标尺，我说，唔，我将砖块移动了 5 米。

那么我给你的问题是，我这 5 米的度量，它是矢量还是标量？好了，如果我只告诉你了 5 米，你只是知道移动的大小，你只是知道移动的量值。因此如果有人只是说 5 米，这是一个标量。当我们涉及移动一个物体或者一个物体在位置上变化了多少，我没有给你方向，我们正在讨论距离，我假设你已经听说过这个词“距离”，距离是一个物体移动远近程度的量度。因此这是距离。那么我们可以说这个砖块或者由于我的拿起和移动，这个砖块移动了 5 米的距离。但是如果我没有给你看这儿的这幅图，只是有人告诉你它移动了 5 米的距离，你不知道它是否向右移动了 5 米，你不会知道它是否向左移动了 5 米，或者它是否向上或向下或向里或向外移动了，你不知道它向哪个方向移动了 5 米，你只是知道它移动了 5 米。如果你想详细说明一下，我们可以说这儿的这个砖块向左移动了 5 米。

现在我们已经指明了一个量值，就在那儿，因此那是一个量值，我们已

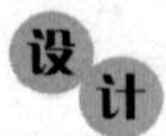

经指明了一个方向向左，那么现在你明确知道了它的运动，向左移动了 5 米，奥，对不起，它应该是向右移动了 5 米，我把它改过来，那么向右 5 米是它所做的运动。它从这儿开始，向右移动了 5 米。那么再一次，量值是 5 米，方向是向右。那么在这儿，刚才我向你描述的是一个矢量，这儿的所有描述，这是一个矢量。当你讨论运动时，位置上的变化，你给出它的方向，距离的矢量版本，我想你可以叫它距离的矢量版本，我想你可以叫它位移。因此在这儿，这是位移，准确的描述是，你可以说这个砖块已经向右迁移了 5 米或者它移动了 5 米的距离。距离是一个标量，我没有告诉你，它移动的方向。位移是一个矢量，我们告诉你它是向右的。

现在我们深入研究一下它，加入我们，讨论一个物体的实际速率或者速度，我们说这 5 米是已经走过的，我们说时间上的变化，由于你可能不熟悉它的含义。在这儿我们说时间上的变化，当我将这个砖块移动了 5 米时，我说时间上的变化是 2 秒。或许当我开始移动砖块时，秒表示数恰好是零，然后当它停止移动时秒表示数是 2 秒，或者当它到达这个位置时，我可以说当它离开这个位置时我的秒表示数是零，当它达到这个位置时我的秒表示数是 2 秒。那么我们在时间上的变化或持续的时间是 2 秒。我们都知道，时间只是在正方向上前进的，那么我想你可以取时间为矢量或者标量，因为就目前我们所知道的，时间只有一个方向，或者至少在我们正在做的简单物理学中。那么这个砖块移动快慢的度量方式是什么？那么我们可以说它在 2 秒内移动了 5 米，我把这写下来，因此它每两秒移动 5 米，或者我们可以把这重写成 5/2 米每秒，或者 5 除以 2 是 2.5 米每秒，在这儿，这只是 5 除以 2，我把它写清楚一点，在那儿，那只是 5 除以 2。那么我给你的问题是，这个 2.5 米每秒它告诉你了在某个时间内它的移动距离，这是一个矢量还是一个标量？它告诉你它的运动快慢，但是它是否只告诉你了它的运动快慢，还是它也给了你方向？好了，在这儿我们没有看到任何方向，因此这是一个标量，物体移动快慢的标量是速率。那么我们可以说砖块的速率是 2.5 米每秒。

现在如果我们做同样的计算，如果我们说它移动了 5 米，我只是用 m 表示米，向右 5 米用了 2 秒，然后我们可以得到什么呢？我们得到了 2.5 米每秒，我只是将它们缩写成，米每秒向右。那么这是一个矢量还是一个标量呢？在这儿我告诉你了速率的量值，这是量值2.5米每秒，我也告诉你了方向向右，因此这是一个矢量。

当你同时规定了速率和方向，你们再讨论速度。那么简单的方式去考虑它，如果你考虑位置上的变化，你明确了位置的变化方向，那么你正在讨论位移。如果你没有讨论方向，你想要标量，那么你在讨论距离。如果你在讨论物体的移动快慢，你给出了它的移动方向，那么你正在讨论速度。如果你没有给出方向，那以你正在讨论速率，希望这能给你一点帮助，在下个视频中我们将开始应用一下这两个量开始接近一些关于物体运动的快慢或者物体运动了多远或者物体运动到达某处花费多长时间等基本的问题。

课程内容2：《基本三角学》

在这个视频中我想介绍一下三角的基础知识，这听起来像是一个很复杂的主题。不过随着学习你们就会看到，讲的只不过是三角形各边的比率而已。Trigonometry这个词的前半部分Trig意思是三角形，后半部分metry的意思是度量，我在这儿举几个例子，大家就清楚了。我先画一些直角三角形，这是一个直角三角形。我称它为直角三角形是因为其中一个角是90度，这是一个直角。它的角度为90度，在后面的视频中，我们会讨论表示角度大小的其他方法。这儿有个90度的角，是一个直角三角形，我把各边具体的长度写出来。可以让这个三角形的边的长度为3，三角形的高度是3，可以让三角形的底为4，那么这个三角形的斜边就是5。直角三角形只有一个斜边，它是直角对着的边，并且它是直角三角形中最长的边，这就是斜边。你可能已经在几何学里面学到过了。可以证明这个直角三角形，由这些边可以得出，由勾股定理，3的平方+4的平方等于最长的边的平方。斜边的平方就等于5的平方。因此可以证明，这是满足勾股定理的。明白了这一点以后，我们来讲一点三角方面的知识，三角中最重要的函数。我们来学一下这些函数的意义。这是正弦，这是余弦，这个是正切。可以用“sin”“cos”“tan”来简写。用这些只是为了说明，对于三角形中的任意角，它可以表示特定边之间的比率。我

来写一下，这是一些助记的符号，它们可以帮助你来记住这些函数的定义。我想要写的是“soh cah toa”，你会惊异于这些助记符号在学习三角中的作用的。“soh cah toa”它们告诉我们：“soh”的意思是 sin 等于对边比斜边，可能现在还没有明显的含义，我马上会详细讲的。cos 是邻边比斜边，最后是正切，正切就是对边比邻边。你可能会问，嘿，Sal，你说的这些，对边，邻边和斜边，到底指的是什么？好，我们来看一个角。比如说这个角吧，角度为 θ，夹在边长为 4 和 5 的两边之间，这个角的角度是 θ，我们来说一下 $\sin\theta$，$\cos\theta$，$\tan\theta$ 到底是什么。

我们先来关注一下 $\sin\theta$，记得我们说过的“soh cah toa”，sin 是对边比斜边，因此 $\sin\theta$ 就等于对边，这个角的对边是哪一条边？我们说的是这个角，它的对边，就是不与这个角相邻的边。对边就是长度为 3 的那条边，这个角的开口朝向长度为 3 的那条边，因此对边就是长度为 3 的那条边。那什么是斜边呢？我们已经知道，这里的斜边长度为 5，因此就是 3/5，

$\sin\theta$ 的值为 3/5。我马上会讲到 $\sin\theta$，如果这个角度是确定的，那么它的正弦就一定是 3/5。对边与斜边的比总是相同的。即使实际的三角形比现在这个大或者小，我马上会说明这一点。我们先把所有的三角函数讲完。我们讨论下 $\cos\theta$ 是什么。$\cos\theta$ 是邻边比斜边，记住。我把它们标出来。我们已经指出长为 3 的那条边是对边，这条边是对边，只有在讨论这个角的时候才成立。当我们讨论这个角时，这条边才是它的对边。当我们讨论这个角时，这条长为 4 的边与之相邻。这是其中一条可以形成顶点的边，所以这条边是邻边。我要明确说明，这仅对这个角成立。如果我们讨论那个角，这条绿色的边就成了对边，而这条黄色的成为了邻边。我们现在关注的是这个角，因此这个角的余弦，这个角的邻边长度为 4，因此邻边比斜边，长度为 4 的边比上斜边，就是 4/5。现在讲一下正切。$\tan\theta$ 即为对边比邻边，对边长为 3，邻边是哪一条？我们已经指出过，邻边长为 4。因此一旦知道了这个三角形的边的长度，就能得到主要的三角比。我们还会看到一些其他的三角比，但它们都是从这三个基本的三角函数派生出来的。现在我们来考虑一下另一个角。我重新画一下，这个三角形有点乱了。我重新画一个一样的三角形，完全一样的

三角形。重复一遍，三角形的各边长度为，这条边长度为 4，这条边长度为 3，这条边长度为 5。在上一个例子中我们用的是 θ，现在考虑另一个角，上面这个角，我们把这个角叫做……我不知道，随便想个符号吧。一个任意的希腊字母，就用 φ 吧。这可能有点奇怪，θ 是我们常用的符号，但是我们已经用过了，这里就用 φ 吧。或者我用个简单的符号，把这个角叫做 x。我们用 x 来表示这个角。现在我们来找出这个角 x 的三角函数是多少。$\sin x$ 等于多少？sin 是对边比斜边，x 的对边是哪条边？这个角朝向长度为 4 的边，因此在这里，这条边是对边。这条边现在成了对边。记住，长为 4 的边是 θ 的邻边，但却是 x 的对边，因此就是 4 除以–现在哪条是斜边？斜边是不变的，与你选择哪个角无关。因此现在斜边也是 5，所以就是 4/5。现在来求另一个 $\cos x$ 是多少？$\cos x$ 是邻边比斜边，哪条边与 x 相邻，并且不是斜边？这条是斜边，那么邻边就是长为 3 的那条边。它是形成 x 的顶点的两条边之一，并且不是斜边，因此这条边就是邻边了。这条边是邻边，所以就是 3 除以斜边的长，斜边的长度是 5。最后说一下正切。我们想要得到 $\tan x$ 的值，tan 是对边比邻边，“soh cah toa” tan 是对边比邻边。对边比邻边，对边长为 4，我用蓝色来表示，对边长为 4，邻边长为 3，我们做完了。下一个视频我会讲更多的例子，这样就能对这些知识更有感觉。但是我想让大家想一想，如果这些角趋近 90 度会怎样，或者说，如果它们大于 90 度会怎样。我们以后会明白，“soh cah toa”的定义只能适用于 0 到 90 度之间的角，或者说小于 90 度的角。但是在边界外，就会出现问题，我们会引入新的定义，类似于“soh cah toa”的定义。可以得到任意角的正弦、余弦和正切值。

课程内容 3：《资产负债表介绍》

最近，贝尔斯登银行和卡莱尔公司发生了很多事情，很多媒体对此予以报道。我去了 2 家机构询问情况，因为我觉得这事很有意思，所以我也给朋友讲这件事。这些事事实上是很重要的，无论是对我们的未来，还是整个金融系统的健康运作都是很重要的。但是人们对此却不是很敏感，不了解。所以我决定从数学课和物理课上拿出一点时间来讲一下这个问题，讲一些关于

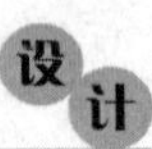

会计和金融方面的知识。因为我觉得现在在全球范围内发生的种种是非常重要的。我并不是只讲卡莱尔和索恩伯格投资管理公司及其他类似金融机构的事情，因为我觉得你们可以从新闻媒体了解这些内容，我觉得很多人对于基础的会计知识是很缺乏的。比如说“账面价值的故意降低”，或者“你没有流动资产”。这些在生活中都会接触到但你却不是很了解。所以我就利用可汗学院的课程给你们解释一下这些问题。我们从会计知识基本概念——资产负债表这个知识开始讲起。你可能对这个词知晓一二，我们通过一个情境来学习它。我想买一栋房子，我把这个房子画在这里，这个就是我想买的房子。房主对这栋房子开价 100 万美元。我很喜欢这栋房子而且我觉得价格很合理，这附近的其他房子差不多都是这个价，可能会比这个贵一点，我觉得这是个不错的价格。但是我只有 25 万美元，所以我要做的是在买房子之前先做一张资产负债表。我买房子之前的资产负债表是什么呢？我的资产有哪些呢？我把“资产”写在这里，在知道我的资产有哪些之前，我先讲一下“资产”的概念。资产就是有用的东西，将来它可以带给你经济利益。例如，现金是资产，为什么现金是资产呢，因为将来你可以用现金雇佣员工，让别人为你做事或者买东西，在一个月内你可以使用现金。你还可以使用现金让别人为你跳舞，你还可以买车或者是去度假。你想干啥就干啥，当然，我不能确保有人会不会为了经济利益给你跳舞，但是你可以这么想。所以，现金是资产的一种，房屋也是资产的一种。从房屋中将来你能得到经济利益，在寒冷的季节里有个栖身之地，这就是资产的概念。那么我买房子之前的资产有哪些呢？可以贷款，或者有其他途径得到资产吗？我有 25 万美元的现金，我的负债是多少呢？我在左边写“负债”。我觉得这个惯例，但是我忘记了。没关系，我的负债都有哪些呢？负债是对别人的经济义务或负担，所以如果我找别人贷款或借钱，那么我欠他们利息，否则我就要把我借的钱还回去，这就是贷款的实际价值。我有一张借据，上面写着将来我会给别人跳舞，这就可能是负债。要衡量价值是很难的，但是将来我必须要做点上面来偿还，那么现在我的负债是什么呢？在我所设定的情境里，我没有负债，我只是 Sal，我已经付清了我的大学贷款，所有的贷款已付清。我有 25 万美元的现金，那么我买房子之前的负债是多少呢？我没有负债。我没有任何负债，我不欠任何人钱，对我来说，这就是自由。我的负债是 0，那么我的权益是多少？你可能听说过这个词，人们购买权益或是类似的东西。我要写一个等式，对于本节课来说这可能有点离题。A 代表资产，是负债和权益的总和。所以我的资产是 25 万美元，我的负债是多少呢？我不欠任何人钱，我不是很明确这样说是否正确。我不欠别人钱，所以我的负债是 0，那么我的权益肯定就是 25 万美元。在这种情境下，在我买房子之前，如果我要做一张资产负债表，让它更像一张资产负债表，我的资产是 25 万美元，我没有负债。我的权益是 25 万美元，如果我把它用图表示出来，事实上我应该这样画。我在这里重新画一个小的资产负债表，这里比较干净，你可能看不见，我把资产写到右边，我有 25 万美元现金，在左边，我没有负债，我有权益 25 万美元，现在权益对你来说不是很重要，因为目前权益就是现金。一般而言，权益就是你所有的资产，在所有的资产和债务结清了之后，你还剩下什么了呢？是权益。在这种情形下，我付清了所有债务后，我还剩下什么了呢？我没有债务，我只有 25 万美元的现金，这样当我去银行贷款买房子的时候，就说得通了。这个房子的卖价是 100 万美元，对吧？那么我需要多少贷款呢？我只有 25 万美元的现金，所以我要去银行，为 75 万美元的余额贷款。我画一个银行，这就是银行。我画了一个美元符号在中间，表示它永远都不会倒闭，它永远都在，即便它有什么丑闻。比如说……我就不给你们讲那些丑闻了，但是它们确实有很多丑闻，以后我们再讲，银行会给我另外的 75 万美元现金，我也要写一张借据，我还要支付利息。所以它就有一张借据上面写着，Sal 向银行贷款 75 万美元，每年要支付 10%的利息，因此我一年要支付 75 000 美元的利息，我就得到了 75 万美元的现金。现在我的资产负债表变成上面样子了呢？我画一下，我画一下它现在是什么样子。我把它画成方形，因为我觉得这样的形状比较直观，然后把它分隔。我现在的资产是多少呢？我有 25 万美元现金，又从银行贷款得到 75 万美元。现在我的资产总和是多少呢？25 万加 75 万，现在我有 100 万美元现金，我的负债呢？是我欠别人的钱，我欠银行 75 万，所以我的负债是……我写成 L，L 代表负债。因为没有地方写全了，我的妻子总是抱怨我写的东西很难阅读，但也没有办法。总之，我的负债是，我欠银行 75 万美元。这就是负债，那么权益是……我们来看一下这个式子，资产等于负债加权益，这是 100 万美元，这是 75 万美元，我还剩下什么呢，我还有 25 万美元，那是我的权益。希望现在权益这个词开始变得有一些意义了。现在我有 100 万美元，有些人很喜欢有这么多钱的感觉，当他们有 100 万的时候会觉得自己是百万富翁，但是他们却没有考虑全面，他们可能有 100 万美元的资产，但是他们很有可能欠别人 90 万美元。所以我不认为他们是百万富翁。他们可能只是百元或千元富翁。你的资产可能是 100 万美元，但是你不是百万富翁，因为仍然欠别人 75 万美元，你剩下来的才是权益，或者说你能声称是自己的资产，这些就是你的权益，有时也叫“所有者权益”。如果有一些人把这些钱放在一起，我们称其为“股东权益”。以后我可能在这方面再给大家深入讲一下。但是我希望现在你能看出来，资产负债表是有点用的。我有现金，我还从银行贷款，但是我现在还没有买房子，接下来我要做什么呢？我要把我的现金给房主，或者是托尔兄弟公司，它们建造了这座豪宅，我给了他们 100 万美元，他们把房子转让给了我。他们只是给了我房子，房子永远都在那里，但是这是合同。里面有所有的法律架构还有所有的资产权说明等等。这有点抽象了，那么现在我的资产负债表是怎样的了呢？不是现金，我想我没有足够的地方和时间重新画一张资产负债表了，我没有 100 万美元的现金了，我有一栋价值 100 万美元的房了，假设它确实值这么多钱。这是个公正合理的价格，我没有多付。现在我有一栋价值 100 万美元的房子，我欠银行 75 万美元，我还剩 25 万美元的权益，时间不多了，我就先讲到这里吧。下节课，我会讲一下如果房子升值或降值后会发生什么事情，或者是出现了你需要现金及其他有意思的情况。我们将会学习到更多关于在全球范围内正在发生的事情，再见。

附录 2

《三角学》课程内容

可汗学院的《三角学》这门微视频课程的内容由 39 个教学微视频构成。具体内容如下表所示。

序　号	知识点内容	时长/分钟
1	基本三角学	09′13″
2	基本三角学Ⅱ	12′07″
3	弧度与角度	09′52″
4	三角函数	09′59″
5	三角函数Ⅱ	08′34″
6	三角函数的单位圆定义	09′04″
7	三角函数的单位圆定义Ⅱ	10′09I″
8	sin 函数图像	07′41″
9	三角函数图像	10′14″
10	绘制三角函数	09′51″
11	更多图像	05′10″
12	确定三角方程	09′49″
13	三角等式	09′05″
14	证明正弦和角公式	09′45″
15	证明余弦和角公式	09′18″
16	三角等式Ⅱ	09′53″
17	三角等式Ⅲ	08′31″

续表

序号	知识点内容	时长/分钟
18	三角应用题	09′53″
19	三角应用题Ⅱ	02′47″
20	余弦定理	09′23″
21	航海应用题	07′56″
22	证明正弦定理	06′30″
23	摩天轮应用题	07′16″
24	摩天轮应用题Ⅱ	09′04″
25	一个有趣的三角问题	09′56″
26	极坐标Ⅰ	10′16″
27	极坐标Ⅱ	09′27″
28	极坐标Ⅲ	07′33″
29	反正弦函数	10′31″
30	反正切函数	10′02″
31	反余弦函数	13′34″
32	三角恒等式复习	11′02″
33	τ与π	16′17″
34	IIT JEE 三角问题	15′08″
35	IIT JEE 三角问题-最大值	09′49″
36	IIT JEE 三角问题-限制条件	12′44″
37	三角方程组例子	10′57″
38	2003 AIME Ⅱ习题	16′30″
39	2003 AIME Ⅱ问题 14	18′12″

附录 3

微课网中学习者对课程的评价

案例：XXX 老师 《理清文章思路》

(http://course.vko.cn/course/13392257937300556/T09392562042.html)

评价：

XXX 给 XXX 老师留言：

林老师，您好，我的孩子今年刚上初一，阅读和作文不太好，我无意间听到您的公开课，让我兴奋不已，真是太精彩了，因为远在广西不能直接亲临现场非常遗憾，不知道如何才能买到您的关于中考的阅读与写作的视频课程。我的电话：xxxxxxxxxxx。望您百忙之中一定抽空回复。谢谢了林老师！

案例 2：XXX 老师《二元一次方程组 (一) 之有关二元一次方程的概念》

(http://course.vko.cn/group/13393047945221806.html)

评价：

黄老师，您讲课很生动，而且说得很透彻，哈哈！！！

——XXX 2012-11-08 评分 5星

生动、亲切，很喜欢黄老师讲的课，有一定的难度和提升，补充了很多学校老师没讲的内容，有收获。

——XXX 2012-11-06 评分 5星

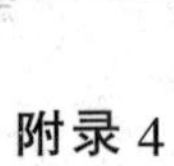

附录 4

课程案例 1《幼儿园创意手工》的内容

章标题	内容简介	实践活动
心灵手巧学会创意	概念界定 什么是“创意”？什么是“手工”？幼儿园创意手工的意义	讨论思考：幼儿园创意手工制作在幼儿园中具体可体现在哪些地方？你认为成品玩具是否可替代教师的创意制作
棉花与环保袋的巧用	学习目标：掌握软质材料的制作要点 重点难点：学会借形变形： 关键词：软质材料 创意介绍： 创意原理：在原形上加工变化 需用材料：棉花，各类环保袋等 制作要点：制作步骤演示（图示） 总结：教师制作后的反思、总结	讨论思考：你认为幼儿教师掌握幼儿园创意手工需具备怎样的基本素养 手工作业：利用棉花制作意见作品，主题不限，做简单的创意阐述
“小小纸张巧制作”	学习目标：掌握各类纸张制作的要点 重点难点：学会分析纸张特性，展开适宜的制作 关键词：各类纸张 创意介绍： 创意原理：根据纸张特点创意 需用材料：各类幼儿园常用纸 制作要点：制作步骤演示（图示） 总结：教师制作后的反思、总结	手工作业：收集周围三件你认为最有创意的环保袋作品，最简单点评。（侧重创意要素）
纸杯泡沫球的“分分合合”	学习目标：掌握纸杯泡沫球等材料的制作要点 重点难点：学会组合材料，展开变形创意制作 关键词：纸杯、泡沫球组合 创意介绍： 创意原理：利用材料形状分解、组合 需用材料：纸杯、泡沫球等 制作要点：制作步骤演示（图示） 总结：教师制作后的反思、总结	手工作业：利用身边的纸张制作一件创意作品，讲讲创意的设计思路。（侧重对不同纸张的分析）

续表

章标题	内容简介	实践活动
纸盘纸盒大变身	学习目标：掌握纸盒、纸盘的制作要点 重点难点：学会在纸盒、纸盘上进行加工变形 关键词：纸盘纸盒再加工 创意介绍： 创意原理：利用材料形状特点加工 需用材料：纸盒、纸盘 制作要点：制作步骤演示（图示） 总结：教师制作后的反思、总结	手工作业：利用纸杯以及与其它材料的组合进行创意，说说组合设计的思路。（侧重于对纸杯特点的运用）
纸芯巧心思	学习目标：掌握纸芯的制作要点 重点难点：学会利用纸芯的形状进行加工变形 关键词：纸芯变形 创意介绍： 创意原理：利用材料形状特点加工 需用材料：纸芯、水果网等 制作要点：制作步骤演示（图示） 总结：教师制作后的反思、总结	讨论思考：请结合创意制作的概念，谈谈你案例中创意制作的意见与看法 手工作业：选择纸盒，制作一件适宜的纸盒创意作品，主题不限，说说创意的设计思路。（侧重选材与设计间的思考）
游戏中的“点心”	学习目标：学会幼儿角色游戏中各类仿真点心的巧制作 重点难点：利用不同材料进行仿真制作 关键词：仿真制作 创意介绍： 创意原理：利用材料形状特点进行加工 需用材料：海绵、泡沫、吹塑纸等 制作要点：制作步骤演示（图示） 总结：教师制作后的反思、总结	手工作业：利用纸芯制作一件创意作品，说说创意的设计思路。（侧重对纸芯特点的分析利用开发）
瓶瓶罐罐也“热闹”	学习目标：掌握瓶罐等的制作要点 重点难点：学会利用瓶罐的形状进行加工创意 关键词：瓶罐加工 创意介绍： 创意原理：利用材料形状特点加工 需用材料：不同材质瓶罐等 制作要点：制作步骤演示（图示） 总结：教师制作后的反思、总结 命题小制作（盒子的创意制作）	讨论思考：你认为案例中“头脑风暴”方法的运用对教师起到了怎样的推动作用 手工作业：利用适宜的材料，对生活中的某样点心进行仿真制作，说说创意思路。（侧重材料的适宜性及仿真性）
“玩转”创意	命题小制作（盒子的创意制作）	手工作业：利用瓶或罐进行创意制作，说说创意的设计思路。（侧重对材料特点的分析）

参考文献

英文文献

[1]About Coursera Pedagogy [EB/OL]. https://www.coursera.org/about/pedagogy, 2012-9-20.

[2]A summary of the new learning paradigms[EB/OL].http://www.utexas.edu/courses/svinicki/382L/summary.html,2011-11-5.

[3]About Khan Academy [EB/OL].http://www.khanacademy.org/about,2010-12-1.

[4]Annette Lamb .Theory to practice:Thematic Learning Environments[EB/OL]. http://eduscapes.com/ladders/themes/thematic.htm,2012-12-25.

[5]Alexander McAuley,Bonnie Stewart, George Siemens,et al. themooc model for digital practice [EB/OL].http://www.elearnspace.org/Articles/MOOC_Final.pdf,2011-1-10.

[6]Anglin.Gary J.,Vaez Hossein. Visual representation and learning: the role of static and animated graphics[J]. handbook of research on educational communications and technologymahwal nj lawrence erlbaum associates,2004.

[7]Barbara Means,Yukie Toyama,Robert Murphy.Evaluation of Evidence-Based Practices in Online Learning:A Meta-Analysis and Review of Online Learning Studies [EB/OL].http://www2.ed.gov/rschstat/eval/tech/evidence-based-practices/finalreport.pdf,2012-10-10.

[8]Bite-size Learning? [EB/OL].http://www.bitesizelearning.co.uk/solutions.htm,2012-10-1.

[9]Gordon Rowland. Designing and Instructional Design [J]. Educational Technology Research and Development, 1993,41(1):80.

[10]Oliver R. Exploring strategies for online teaching and learning [J].Distance Education,1999, 20(2):240–254.

[11]Harald Weinreich, HartmutObendorf, Eelco Herder, et al. Not Quite the Average: An Empirical Study of Web Use [J]. ACM Transactions on the Web, 2008.2(1).

[12]Gavin Bennett, Nasreen Jessani. the Knowledge Translation Toolkit: Bridging the Know Do Gap: A Resource for Researchers [M].London: Sage India: IDRC,2011.

[13]Bomsdorf B. Adaptation of learning spaces: supporting ubiquitous learning in higher distance education [A]//Davies,N., Kirste, T., Schumann, H.. Mobile computing and ambient intelligence: The challenge of multimedia [C]. Germany: SchlossDagstuh:l ,2005:1–13.

[14]Betty,Collis.Information technologies for education and training .In .H. Adelsberger,B.Collis&J.M.Pawlowski (Eds).Handbook on information technologies for education and training[M].New York:Springer,2002.

[15]Bill.Take on Technology&teaching.[EB/OL].http://www.thegatesnotes.com/Topics/Education/Bill–Gates–Innovation–Education,2011–8–5.

[16]Alan D. Baddeley. Is working memory still working[J].American Psychologist,2011(11):851–864.

[17]Buty Chrtstian,Tiberghien,Andrie,Le.Marechal,et al. Learning hypotheses and an associated tool to design and to analyze teaching–learning sequences [J].International Journal of Science Education,2004,26(5):579–604.

[18]Chareen Senlson, PattElison–Bowers.Micro–Level design for multimedia–enhanced online course [J].Journal of Online Learning and Teaching.2007,3(4): 383–389.

[19]Chris Anderson.The Long Tail: Why the Future of Business Is Selling Less of More[M].Newyork:Hyperion Books,2006.

[20]Clive Thompson.How Khan Academy Is Changing the Rules of Education

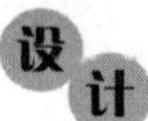

[EB/OL].http://www.wired.com/magazine/2011/07/ff_khan/,2011-7.

[21]Christo du Preez.How to design and develop learning materials:the total learning experience model [EB/OL]. http://www.col.org/pcf2/papers/du_preez.pdf. 2012-12-10.

[22]Chery Diermyer, Chris Blakesley. Story-Based Teaching and Learning : Practices and Technologies [C].25th Annual Conference on Distance Teaching & Learning,2009.

[23]Dick Walter,Lou. Carey,James O.Carey.The systematic design of instruction(6th ed)[M].NewYork:Pearson.2005.

[24]Daniel H.Kim. The link between individual and organizational learning [J].Sloan Management Review.1993,35.

[25]Amit Garg.Do Microcourses have a place in workplace learning[EB/OL]. http://www.upsidelearning.com/blog/index.php/2009/12/28/do -microcourses -have -a-place-in-workplace-learning/,2012-5.

[26]Educause.7 Things You Should Know About Microlectures[EB/OL].http://www-cdn.educause.edu/ir/library/pdf/ELI7090.pdf,2012-11-10.

[27]Ellen Lupton. Visual Design Principles -Ads & Slideware.Qtd [J]. Newsweek,2005.(12):84.

[28]Fukunari Kimura.The mechanics of production networks in Southeast Asia: the fragmentation theory approach [EB/OL].http://hdl.handle.net/10086/14338,2007-7-2.

[29]Giordan Andre. State on learning models:consequence on science teaching .speech of internationally influential scholar [R].Shanghai:East China Normal University,2008.

[30]Good lecturers[EB/OL]. http://www1.umn.edu/ohr/teachlearn/tutorials/lectures/overview/index.html,2012-11-18.

[31]Hannafin,M.J.,Hooper,S.R..Learningprinci ples.InM.Fleming&W.H.Levie (Eds),Instructional message design:Principles from the behavioral and cognitive sci-

ences （2nded.）[M].Englewood Cliffs,NJ:Educational Technology Publications, 1993.

[32]IlonaBuchem, Henrike Hamelmann. Microlearning:a strategy for ongoing professional development. [EB/OL]http://www.slideshare.net/elearningpapers/mi-crolearning-5307098,2010.

[33]Instructional Strategies-online lectures and presentations[EB/OL].http://academics.georgiasouthern.edu/col/id/instructional_strategies.php,2012-12-1.

[34]Jones V. Ubiquitous learning environment: an adaptive teaching system using ubiquitous technology [A]//Proceedings of the 21st ASCILITE Conference [C].2004,468-474.

[35]John Seely Brown,Richard P.Adler and Wang Long.Minds on Fire:open education ,the long tail, and learning 2.0 [J].Maler Distance Education Research 2009,43.10.

[36]John M Keller.Development and use of the ARCS model of motivational design[J].Journal of Instructional Development,1987,10(3):2-10.

[37]Zhang Jiaojie,Kathy A. Johnson,Jane T. Malin,et al.Human-centered information visualization[J].2002.

[38]Kemi Jona.Rethinking the Design of Online Courses [J].Paper persented at the ascilite coffs harbour, 2001.

[39]L. Dee Fink.A Self-Directed Guide toDesigning Courses for Significant Learning[M]. San Francisco: Jossey-Bass, 2003.

[40]Lindbarger,Deborah.Learning to read from television:the effects of using caption and narration[J].Journal of Educational Psychology,2001,93(2):288.

[41]Mosel Stephan.Self directed learning with personal publishing and micro-content (On Microlearning and Microknowledge in a Microcontent-based Web)[A] //Proceedings of Microlearning 2005 Learning&Working in New Media [C]. Innsbruck:Innsbruck University press.2005.

[42]Martin Lindner, Peter A. Bruck. Micromedia and CorporateLearning:

Proceedings of the 3rd International Microlearning 2007 Conference [M]. Innsbruck: Innsbruck University Press, 2007.

[43]Molly Horn.10 Tips to Create Bite–Size Rapid e–Learning[EB/OL].http://rapid–e–learning.lectora.com/blog/10–tips–create–bite–size–rapid–e–learning, 2012–5.

[44]Richard E.Mager.The Cambridge Handbook of Multimedia Learning[M]. New York:Cambridge University Press, 2005.

[45]Mark Granovetter.The Strength of Weak Ties: a network theory rewisited [J].Sociological Theory, 1982.

[46]Myung–Suk Lee, Yoo–Ek Son. A Study on the Adoption of SNS for Smart Learning in the "Creative Activity"[J]. International Journal of Education and Learning, 2012(3):1–18.

[47]Maria Puzziferro, Kaye Shelton. A Model for Developing High–Quality Online Courses: Integrating a Systems Approach with Learning Theory [J]. Journal of Asynchronous Learning Networks, 2008(12): 119–136.

[48]Nicole Fougere.7 Things To Avoid in Online Training Video Design[EB/OL].http://www.litmos.com/industry–news/7–things–to–avoid–in–online–training–video–design/, 2011–5–12.

[49]Open Education (2009) Online Education–Introducing the microlecture–format [EB/OL]. http://www.openeducation.net/2009/03/08/online–education–introducing–the–microlecture–format/, 2010–9–12.

[50]Oliver.R, Herrington J. Learning Design Construct [EB/OL]. http://www.learningdesigns.uow.edu.au/project/learn_design.htm, 2010–12–1.

[51]Peter A.Bruck.What is microlearning and why care about it [R].Proceedings of Microlearning Conference 2006, Autria:Innsbruck University press, 2006.

[52]Peter A. Bruck, Luvai Motiwalla.Mobile Learning with Micro–content: A Framework and?Evaluation [C].25th Bled eConference Dependability:Reliable and Trustworthy eStructures, eProcesses, eOperations and eServices for the Future.

June,2012, Bled, Slovenia.

[53]Paul Saettler.The evolution of American educational technology[M].Englewcod, lo: Libraries Unlimited, Inc.1990.

[54]Richard A. Swanson.Mind Edge Innovation in Learning .Considering the Whole –Part –Whole learning model [EB/OL].http://learningworkshop.mindedge.com/2010/03/26/considering–the–whole–part–whole–learning–model/,2012–6–10.

[55]ReigeluthC.M.,Curtis,R.V..Learningsituationsandinstructionalmodels.Instructionaltechnologyfoundations （pp.175 –206）[M].Mahwah,NJ:LawrenceErlbaumAssociates.

[56]Rasmus Ulslev Pedersen.Micro Information Systems and Ubiquitous Knowledge Discovery.[M]. Springer–Verlag:Berlin Heidelberg, 2010.

[57]Rowland G. Designing and Instructional Design [J], ETR&D, 1993,41(1):80.

[58]Ronald W. Jones,Henryk Kierzkowski. A Framework of Fragmentation. Fragmentation and International Trade[M].Oxford:Oxford University Press,2000.

[59]Ray Jimeniz.Using Micro–learning designs in Learning 2.0 and traditional e–Learning[C].Building the future of e–learning,2009.

[60]Ray Jimeniz.Vignettes learning [EB/OL]. http://vignetteslearning.com/vignettes/workshop–aboutray.php,2012–12–10.

[61]SaadiahYahya, Erny Arniza Ahmad,kamarularifin Abd Jalil.The definition and characteristics of ubiquitous learning: A discussion [J].International Journal of Education and Development using Information and Communication Technology,2010(6):117–127.

[62]Steven Saltzberg,Susan Polyson.Distributed Learning on the World Wide Web[EB/OL]. http://www.umuc.edu/iuc/cmc96/papers/poly–p.html,1995,9.

[63]Shieh David. These lectures are gone in 60 seconds [J]. Chronicle of Higher Education,2009,55(26):A1,A13.

[64]Sam S.Adkins.The worldwide market for mobile learning products and

services:2011-2016 forecast and analysis[R]. Ambient insight Comprehensive Report, 2013.

[65]Siemens. Learning and Knowledge [EB/OL].http:/ / www.microlearning.org/ micropres07/ ml2006_presentation_siemens.pdf,2007- 09- 13.

[66]Sedig K..Rowhani, S. Micro-Level Design of Interactive Visual Learning Environments. In P. Kommers& G. Richards (Eds.),?Proceedings of World Conference on Educational Multimedia, Hypermedia and Telecommunications. Chesapeake, VA: AACE. 2005:1050-1057.

[67]Steven Saltzberg,Susan Polyson.Distributed Learning on the World Wide Web[EB/OL]. http://www.umuc.edu/iuc/cmc96/papers/poly-p.html,1995-9.

[68]Theo Hug.Micro learning and narration [C].Fourth Media in Transition conference:the work of stories,2005,5.

[69]Thomos.Online Education Introducing the Microlecture Format[EB/OL]. http://www.openeducation.net/2009/03/08/online -education -introducing -the -microlecture-format/,2011-10-3.

[70]The Online Video Phenomenon.InBusiness [EB/OL]. http://www.ibmadison.com/In -Business -Madison/October -2012/The -Online -Video -Phenomenon/, 2012-10-26.

[71]Tim Martin.Visual Design for e-Learning Video Production: An Introduction[EB/OL]. Learning Solutions e-Magazine.http://www.learningsolutionsmag.com/articles/100/visual -design -for -e -learning -video -production -an -introduction, 2012-11-2.

[72]Visual Design Principles [EB/OL]. http://msdn.microsoft.com/en -us/library/ff318704(v=surface.10).aspx,2012-11-1.

[73]Video as eLearning :15 Tips[EB/OL].http://managingelearning.com/2012/10/12/video-as-elearning/,2012-10-26.

[74]What´s the Matter With MOOCs[EB/OL].http://chronicle.com/blogs/innovations,2012-7-6.

[75]WIKI. Massive Open Online Course[EB/OL]. http://en.wikipedia.org/wiki/Massive_open_online_course, 2012–9–12.

[76]What Is Micro–Storytelling? Why Is It Important In Digital Media And Movie Making [EB/OL].http://www.teachdigital.org/2012/01/what–is–microstory–telling–and–why–is–it–important–in–digital–media–and–movie–making/, 2012–10–2.

[77]Why lecture [EB/OL]. http://www1.umn.edu/ohr/teachlearn/tutorials/lectures/overview/index.html, 2012–11–18.

[78]Zheng Zhao, Jaideep Anand, Will Mitchell .Transferring Collective Knowledge: Collective and Fragmented Teaching and Learning in theChinese Auto Industry [R]. University of Michigan Business School: William Davidson Working Paper Number 420 .2001, 12.

[79]3 Graphic Design Principles for Instructional Design Success[EB/OL]. http://www.articulate.com/rapid–elearning/3–graphic–design–principles–for–instructional–design–success/, 2012–11–1.

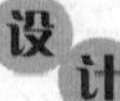

中文文献

[1]祝智庭.教育技术前瞻研究报道[J].电化教育研究,2012,33(4):5-14,20.

[2]祝智庭,贺斌.智慧教育:教育信息化的新境界[J].电化教育研究,2012(12):5-13.

[3]祝智庭.设计研究作为教育技术的创新研究范式[J].电化教育研究,2008(10):30-31.

[4]祝智庭,张浩,顾小清.微型学习——非正式学习的实用模式[J].中国电化教育,2008(2):10-13.

[5]王民,顾小清,王觅.面向终身学习的U-Learning框架——城域的终身学习实践[J].中国电化教育,2010(9):30-35.

[6]顾小清,查冲平,李舒愫,等.微型移动学习资源的分类研究:终身学习的实用角度[J].中国电化教育,2009(7):41-46.

[7]顾小清.终身学习视野下的微型移动学习资源建设[M].上海:华东师范大学,2011.

[8]顾小清,顾凤佳.微型学习策略:设计移动学习[J].中国电化教育,2008(3):17-21.

[9]王觅,贺斌,祝智庭.微视频课程:演变,定位与应用领域[J].中国电化教育,2013(4):88-94.

[10]黄荣怀.移动学习:理论、现状、趋势[M].北京:科学出版社,2008.

[11]查尔斯.M.赖格卢斯.教学设计的理论与模型:教学理论的新范式(第2卷)[M].裴新宁,郑太年,赵健,译.北京:教育科学出版社,2011.

[12]钟志贤.面向知识时代的教学设计框架:促进学习者的发展[M].北京:中国社会科学出版社,2006.

[13]余胜泉.教学资源的设计与开发[M].北京:中央广播电视大学出版社,2011.

[14]刘强,祝智庭.利用教法样式共享信息化教学经验[J].电化教育研究,

200712):66-68.

[15]M.W.艾森克,M.T.基恩.认知心理学(第五版)[M].高定国,何凌南,等.上海:华东师范大学出版社,2010.

[16]裴新宁.面向学习者的教学设计[M].北京:教育科学出版社,2006.

[17]胡小勇,郑朴芳,汪晓凤.基于样式视角的网络课程设计研究[J].中国电化教育,2010(12):55-60.

[18]李克东.教育技术研究方法[M].北京:北京师范大学出版社,2003.

[19]余胜泉,毛芳.非正式学习——e-learning研究与实践的新领域[J].电化教育研究,2005(10):18-23.

[20]陈敏,余胜泉."微课"设计[J].中国教育网络,2013(6):37-38.

[21]焦建利.微课及其应用与影响[J].中小学信息技术教育,2013(4):13-14.

[22]邱均平,王曰芬.文献计量内容分析[M].北京:国家图书馆出版社,2008.

[23]温健,吴芸.网络视频技术探讨[J].电化教育研究,2003(7):64-66.

[24]杨现民,余胜泉.泛在学习环境下的学习资源进化模型构建[J].中国电化教育,2011,(9):80-86.

[25]杨纯,古永锵.微视频市场机会激动人心[J].中国电子商务,2006,(11):112-113.

[26]武法提.网络课程设计与开发[M].北京:高等教育出版社,2007.

[27]王佑镁.协同学习系统的建构与应用[D].上海:华东师范大学,2009.

[28]余胜泉,杨现名,程罡.泛在学习环境中的学习资源设计与共享——"学习元"的理念与结构[J].开放教育研究,2009,15(01):47-53.

[29]胡铁生,黄明燕,李民.我国微课发展的三个阶段及其启示[J].远程教育杂志,2013,31(4):36-42.

[30]黎加厚.微课的含义与发展[J].中小学信息技术教育,2013(4),9-12.

[31]王以宁,郑燕林.流媒体技术及其教育应用[J].中国电化教育,2000(11):65-67.

[32]朱学伟,朱昱,徐小丽.基于碎片化应用的微型学习研究[J].现代教育技术,2011,21(12):91-94.

[33]刘名卓,赵娜.网络教学设计样式的研究与实践[J].远程教育杂志,2013,31(3):79-86.

[34]钟志贤,陈春生.作为学习工具的概念地图[J].中国电化教育,2004(1):23-27.

[35]中国社会科学院语言研究所词典编辑室编.现代汉语词典(第6版)[Z].商务印书馆,2012.

[36]柯清超.分布式学习系统软件建模方法研究[D].广州:华南师范大学,2003.

[37]赵战.新媒介视觉语言研究[D].西安:西安美术学院,2012.

[38]赵健,裴新宁,郑太年,等.适应性设计(AD)面向真实性学习的教学设计模型研究与开发[J].中国电化教育,2011(10):6-14.

[39]赵慧臣.知识可视化的视觉表征研究[D].南京:南京师范大学,2010.

[40]赵国庆,黄荣怀,陆志坚.知识可视化的理论与方法[J].开放教育研究,2005,11(1):23-27.

[41]张舒予.视觉文化与媒介素养[M].南京:南京师范大学出版社,2011.

[42]桑新民,李曙华,谢阳斌.21世纪:大学课堂何处去?——"太极学堂"的理念与实践探索[J].开放教育研究,2012,18(02):9-21.

[43]张家华.网络学习的信息加工模型及其应用研究[D].重庆:西南大学,2010.

[44]张慧,张凡.认知负荷理论综述[J].教育研究与实验,1994(4):45-47.

[45]张华.课程与教学论[M].上海:上海教育出版社,2000.

[46]曾文婕.微型课程:校本课程开发的新方向[J].教育科学研究,2009(2):48-52.

[47]佐藤正夫.教学论原理[M].钟启泉,译.北京:人民教育出版社,1996. 欧文.戈夫曼.日常生活中的自我呈现(中译本第二版)[M].冯刚,译.北京:北京大学出版社,2012.

[48]乔纳森.H.特纳.社会学理论的结构(第七版)[M].邱泽奇,张茂元,译.北京:华夏出版社,2006.

[49]郑军,王以宁,王凯玲,等.微型学习视频的设计研究[J].中国电化教育,2012(4):21-24.

[50]赵云菲.小件的设计与开发研究以上海科技馆动物世界非洲展区为研究课例[D].上海:上海师范大学,2011.

[51]张卓玉.从碎片化到整体化[J].教育,2020(22):1.

[52]张民选.模块课程:现代课程中的新概念、新形态[J].比较教育研究,1993(6):11-13.

[53]尹俊华.教育技术学导论[M].北京:高等教育出版社,1996.

[54]谢登斌.美国基础教育课程改革管窥[J].基础教育研究,2001(6):18-19.

[55]吴祥恩.移动学习背景下微型视频案例与其创新应用[J].中国电化教育,2012(6):73-66.

[56]吴明清著.教育研究:基本观念与研究方法之分析[M].台北:五南图书出版社有限公司,2004.

[57]王佑镁,祝智庭.从联结主义到联通主义:学习理论的新取向[J].中国电化教育,2006(3):5—9.

[58]王天蓉,徐谊.有效学习设计——问题化、图式化、信息化[M].北京:教育科学出版社,2006.

[59]王升.如何形成教学艺术[M].北京:北京:教育科学出版社,2006.

[60]王升,柳新海.学科教学主体参与策略研究[M].北京:中国文联出版社,2006.

[61]王念春.基于视觉文化思考的网络课程视频资源的建设研究[D].南京:南京师范大学,2011.

[62]王靖.数字视频创意设计与实现[M].北京:北京大学出版社,2010.

[63]唐纳德.A.诺曼著.设计心理学[M].梅琼,译.北京:中信出版社,2010.

[64]盛群力.教学设计[M].北京:高等教育出版社,2005.

[65]沈孝山.自适应学习平台的设计与开发[D].上海:华东师范大学.2006.

[66]邱文祥,詹惠茵.网络课程设计中的理论应用研究[J].中国电化教育,2006(9):81-83.

[67]邱婷.知识可视化作为学习工具的应用研究[D].南昌:江西师范大学,2006.

[68]彭莹.基于知识体系的多媒体网络课程及工具研究[D].武汉:武汉大学,2010.

[69]彭兰.今传媒·立今论·聚经典(两篇).碎片化社会背景下的碎片化传播及其价值实现[J].今传媒,2011(10):8-11.

[70]裴新宁.在“实习场”中“做科学”——问题驱动的科学探究学习环境设计[J].全球教育展望,2004,33(1):48-53.

[71]苏岩.微视频发展历史研究[J].软件导刊(教育技术),2011(11):33-35.

[72]施良方,崔允郭.教学理论:课堂教学的原理、策略与研究[M].上海:华东师范大学出版社,1999.

[73]沈夏林,周跃良.论开放课程视频的学习交互设计[J].电化教育研究,2012(02),84-87.

[74]尼尔森在线研究.尼尔森在线研究洞察:用户时间碎片化和需求特点对移动互联网发展的影响[J].广告人,2011(8):142-143.

[75]吕林海.探寻有效教学设计的共同基础:基于原则的分析[J].2012,20(3):73-80.

[76]卢家楣.情感教学心理学[M].上海:上海教育出版社,2000.

[77]刘峰,苏继虎.远程培训的问题及本地管理策略研究——以农村中小学现代远程教育工程项目学校校长专题培训为例 [J]. 电化教育研究,2010(4):113-117,120.

[78]李青,王涛.MOOC:一种基于连通主义的巨型开放课程模式[J].中国远程教育,2012(3):30-36.

[79] 教育部关于国家精品开放课程建设的实施意见[EB/OL].http://www.moe.gov.cn/srcsite/A08/s5664/moe_1623/s3843/201110/t20111012_126346.html..

[80]段琢华,姜云飞.基于扩展知识结构图的智能教学规划[J].计算机研究与发展,2005(17):193-196.

[81]黄荣怀,陈庚,张进宝.网络课程开发指南[M].北京:高等教育出版社,

2010.

[82]胡小勇.信息化环境的“小世界”现象与学习资源设计研究[J].远程教育杂志,2009(1):40–42.

[83]胡小勇,詹斌.区域教育信息资源建设现状与发展策略研究[J].中国电化教育,2007(6):56–61.

[84]胡铁生,焦建利,汪晓东,等.发达地区中小学教育建设现状分析:以佛山市为例[J].中国电化教育,2009(1):5.

[85]胡钦太.信息时代的教育传播:范式迁移与理论透析[M].北京:科学出版社,2009.

[86]郝兴伟.基于知识本体的E–learning系统研究[D].济南:山东大学,2007.

[87]马兰,盛群力.课堂教学设计:整体化取向[M].杭州:浙江教育出版社,2011.

[88]罗丹.微型课程的设计研究——以“老年人学电脑”课程为例[D].上海:上海师范大学,2009.

[89]刘素琴.中小学教育中微型课程的开发与应用研究[D].上海:上海师范大学,2007.

[90]刘名卓.网络课程的可用性研究[D].上海:华东师范大学,2010.

[91]李康,梁斌.课件设计理论与制作技术[M].广州:暨南大学出版社,2009.

[92]胡铁生.“微课”:区域教育信息资源发展的新趋势[J].电化教育研究,2011(10):61–65.

[93]郭绍青.正确认识国家农村远程教育工程中三种硬件模式与教学模式[J].电化教育研究,2005(11):42–46.

[94]郭德俊.动机心理学:理论与实践[M].北京:人民教育出版社,2005.

[95]仝瑞丽.网络视频课程的设计研究——以高中信息技术新课程教师培训为例[D].南京:南京师范大学,2008.

[96] 第29次中国互联网络发展状况统计报告.[EB/OL].http://wenku.baidu.com/view/4bf1d267caaedd3383c4d378.html,2012–1–10

[97]甘永成.虚拟学习社区中的知识建构和集体智慧发展[M].北京:教育科

学出版社,2005.

[98]R·赖丁,S·雷纳.认知风格与学习策略:理解学习和行为中的风格差异[M].庞国维,译.上海:华东师范大学出版社,2003.

[99]John D. Bransford.人是如何学习的[M].程可拉,译.上海:华东师范大学出版社,2002.

[100]G.西蒙斯.网络时代的知识和学习:走向联通[M].詹青龙,译.上海:华东师范大学出版社,2009.

[101]D.P.奥苏贝尔等.教育心理学:认知观点[M].佘星男,宋均,译.北京:人民教育出版社.1994.

[102]古永锵.微视频在中国的机会[J].互联网周刊,2006(36):11.

[103]丁钢.无所不在技术与研究型大学的教学发展[J].清华大学教育研究,2008,29(1):46-48.

[104]单仁慰.多媒体时代下的数字短片——从制作、播放平台和市场化看数字短片[J].电影评介,2008(14):75-76.

[105]程志,龚朝花.活动理论观照下的微型移动学习活动的设计[J].中国电化教育, 2011,(4):21-26.

[106]陈维维,李艺.移动微型学习的内涵和结构[J].中国电化教育,2008,(9):16-19.

[107]徐英俊,曲艺.教学设计:原理与技术[M].北京:教育科学出版社,2011.

[108]克努兹.依列雷斯.我们如何学习的:全视角学习理论[M].孙玫璐,译.北京:教育科学出版社,2012.

[109]鲍建生,王洁,顾冷沅.聚焦课堂-课堂教学视频案例的研究与制作[M].上海:上海教育出版社,2005.

[110]安桂清.整体课程论[M].上海:华东师范大学出版社,2007.

[111]保罗M.莱斯特.视觉传播:形象载动信息[M].霍文利,史雪云,王海茹,译.北京:中国传媒大学,2003.

[112]恩斯特.韦伯.摄影构图的最佳选择[M].贺西安,李海靖,译.北京:中国摄影出版社,1998.

后　记

无数次幻想写后记时会是怎样的情景，如今真到了写后记时刻才意识到即将告别学生生涯，顿时各种滋味涌上心头，有太多感受却不知从何说起。清楚记得07年第一次接触Z-team时的激动与亢奋，就是那一次，我被Z-team的学术特质所深深吸引，从此我爱上了“她”并立志成为其中一员。读博之前就从众多博士论文后记中了解到读博的艰辛与不易，我暗暗告诫自己需做好思想准备。然而，在真正开始博士之旅时，才发现教授、优秀博士们头顶的光环是历经无数白昼的学习钻研才逐渐修炼的。

《You raise me up》一直是我的“圣歌”，经查阅后才知道它几乎是一首赞美诗。“you raise me up, so I can stand on mountains; you raise me up, to walk on stormy seas; I am strong , when I am on your shoulders; you raise me up, to more than I can be（你激励了我，故我能立足于群山之巅；你鼓舞了我，故我能行进于暴风雨的洋面；在你坚实的臂膀上，我变得坚韧强壮；你的鼓励，使我超越了自我）……”每次听这首歌，总有一股暖流流遍全身，总有一种体内沉睡的东西被掀动，总有一种内心隐隐的渴望被勾起。我一直认为我是幸运儿，从大学本科到现在，得到了许多师长和好友的帮助和爱护。尤其是在博士期间遇到诸多挫折时，他们总在我身边。用母亲的话说我总能遇到“贵人”，傻人有傻福。

首先非常感谢恩师祝智庭教授。恩师以严谨的学术态度、积极勤勉的工作方式和智慧的思维方式影响和激励着我。他通过超敏锐的学术视角和思维为我量身制定了研究课题，使我能够结合个人兴趣积极进行课题研究。在研究过程，他总能以独特的视角、精辟的论点使我恍然大悟、思路顿时开阔。

他不仅提供了学术给养、搭建实践平台，还无私地提供了大量非常有价值的资料。如果没有恩师的指导、帮助和鼓励，我的论文不可能完成。在他的耐心指导及构建的学术共同体氛围的浸润下，我的学术能力得到了发展和进步，这为我日后的职业生涯奠定了坚实基础。然而，因为我的愚钝使恩师为我操劳费神，心里时常愧疚自责，如今已无机会从头来过，唯有日后努力工作、积极生活，得以回报您当时赐予的学习机会，以及对我的宽容爱护。同样感谢师母柏惠萍老师，几年来恩师和师母对我如同自家闺女，在生活各方面给予呵护和关心，清楚地记得在我脚骨折卧床于宿舍时，你们在百忙之中前来探望，并细心地为我准备各种营养品和生活用品。你们这份恩情我将永远铭记。

感谢我的硕士导师钟志贤教授。钟老师博学广识、治学严谨、风趣幽默，具有独特的人格魅力，这些无不让我万分敬仰、羡慕不已。他如同亲人一样给予无私的关爱、呵护和帮助，是他引领我打开科学的殿堂，在三年的硕士学习结束之际能够进入 Z-team 继续进行学习深造。他是学习的导师，人生的导师，是“正能量”的使者。每次与他交流后都备受鼓舞。尽管博士期间因为距离之隔和彼此事务的繁忙而未能时常联系，但每次的交流甚至是寥寥几个字总能使我振奋，让我颇获勇气、克服困难，积极面对各种挑战。

感谢顾小清教授在学业上的指导和帮助。她集智慧、气质、美貌和勤奋于一身，她在事业上的执着追求以及作为女性的独特气质让我鞭长莫及，她一直是我学习的楷模，对我具有榜样力量。感谢闫寒冰教授的关心和指导，她的治学态度和个人能力让我佩服不已，每次听其讲座或点评发言都能让我受益匪浅、收获颇丰。感谢刘名卓教授对论文的指导和帮助及所提供的论文实践平台，她秀外惠中、性格坚韧，在我的学习和生活遇到困难时如同姐姐般给予解惑和帮助。以上三位老师、师姐可堪称为 Z-team 在华师大的“三朵金花”，均是我学习的榜样。

感谢任友群教授的指导，其严谨的治学态度和高效的做事风格对我产生深深影响。感谢吴刚教授的关爱，因为他的学识渊博和视野广阔及独特的人格魅力和求真精神，使我在 2007 年初识之时就成为他的铁杆“刚丝”。感谢王民

教授、曹文君教授、黎加厚教授对论文的指导及提供的诸多宝贵建议。

感谢我的师兄师姐钱冬明、吴永和、吴战杰、郁晓华、张超、李凯、吴郑红、郭玉清、杨志和、查冲平、胡海明、黄景碧，以及其他同门或学友傅伟、贺斌、魏非、许哲、管珏琪、李新房、陈华、刘俊、陈俊、余明华、詹艺、蔡慧英、胡艺龄对我的关心与照顾，通过与你们的交谈讨论，帮助我解决了学习研究中诸多问题。感谢上海市数字化教育装备工程技术研究中心诸位老师对我的帮助和支持，他们是苏小兵、薛耀峰、余萍、徐显龙、冯翔、周宏、何超。感谢王美师姐和吴涛师兄的关心和帮助，感谢同窗挚友谢英香的帮助、相伴和鼓舞。感谢博士同学于汝霜、袁斌、李睿，在论文写作过程中我们相互鼓励和扶持，共度一段难忘时光。特别感谢华东师大开放教育学院赵娜老师在论文实践中给予的大力支持和帮助，使得论文能够顺利得以撰写。

感谢硕士师兄师姐一路的关心和爱护，他们是杨南昌、谢云、邱婷、曹冬云。感谢挚友宋雪莲、何美、林安琪、肖宁、陈佳、张伟、杨丽波、汪晓霞、吕伟、于文浩，我们几乎无话不谈，你们无论身处何方，在我遇到困难和挫折之时总能极力给予支持和帮助；感谢李笑樱、张丹、苏娜等好友的帮助和关心。在成长的路上，正因为有你们才让我倍感幸福和幸运，让我更加懂得真诚的意义。

感谢英国博尔顿大学、JISC CETIS 的全体研究人员在我访学一年中的帮助，特别感谢导师 Bill Olivier 教授、David Griffth 教授、Oleg Liber 教授、袁莉博士、Mark Johnson 博士的指导和关爱，感谢博士学友 Tim Goddard、Vicent Lui、Ugo Digwo、 Oderinde Dumebi、Amy Peiyin、Mkansi Marcia、Xiaoling Olivier、夏小红、邓泉荣、彭倩、朱乐等在学习和业余生活的帮助和相伴，因为有你们，国外一年的学习之余，多了一份欢笑，少了一份寂寞。

最后，我要感谢我深爱的父亲、母亲和弟弟。他们以独特的方式诠释着对我的爱。每当我需要做出抉择时，总是给予最大的鼓励、信任、支持和谅解，让我义无反顾地前行。在面对论文和父亲突患恶疾的双重压力，我几近崩溃边缘，最后，父亲面对恶疾时的乐观精神和态度及母亲对父亲坚强而无微不至的照顾，成为我完成论文的巨大动力。另外，这一时期姑姑姑父、伯伯舅舅等亲人的帮助让我更加明白家族的意义和亲人的内涵，所谓众志成城莫过于此。

成长道路上需要感谢的人太多，着实无法在此一一列出。感谢一路有你们相伴，成长的路上有你们真好！感谢之情也并非此刻的寥寥数句苍白语言所能表达。唯有日后常怀真诚感恩之心，做些有意义的事，做一个有贡献的人，得以回报。

博士研究生的学习生涯为日后的专业发展奠定了基础，论文的完成也意味着学生生涯即将结束。生命如歌。轻轻地我离开，就像我轻轻地走来。轻轻地花绽开，就像树静静的成材。在这匆匆的岁月里，青春一去不再来。谨以此纪念即将告别的学生生涯和逝去的青春岁月。

是为记。

王　觅

2013 年 11 月 2 日

华东师范大学丽娃河畔 17 舍